Was man am Himmel sieht

W0057657

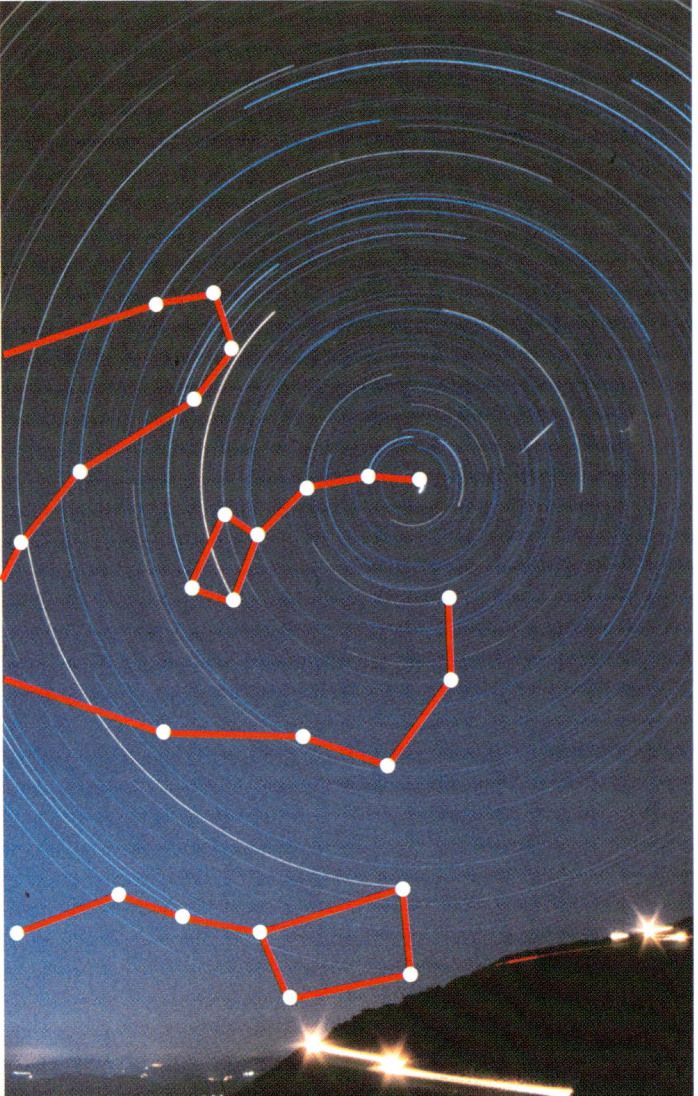

Werner E. Celnik

Was man am Himmel sieht

Sternbilder erkennen und verstehen

Mit detailgenauen Sternenkarten

Der Autor: Dr. Werner E. Celnik, Jahrgang 1953, ist Physiker und Astronom. Von 1987 bis 1991 war er wissenschaftlicher Leiter der Volkssternwarte mit Planetarium in Berlin. Zahlreiche Beobachtungen und wissenschaftliche Veröffentlichungen u. a. über den Kometen Halley und unsere Milchstraße.

Bildnachweis: Alle fotografischen Aufnahmen und Illustrationen stammen, sofern nicht anders vermerkt, von W. E. Celnik. Abbildung auf Seite 17 von Andrea Hennersdorf, Sternwarte Radeberg. Abbildungen Seiten 21, 25, 27 von S. Binnewies, W. E. Celnik und H. Fülling. Abbildung Seite 22 von W. E. Celnik, P. Riepe und P. Svejda. Abbildung Seite 23 von W. E. Celnik, W. Schlosser, R. Schulz, P. Svejda und K. Weißbauer. Abbildung Seite 26 von W. E. Celnik, H. Fülling, P. Riepe, D. Sporenberg und H. G. Weber. Abbildung Seite 34 unten von G. Weber, Hattingen. Die Abbildung Seite 36 wurde entnommen aus der CD-ROM „Uranographia Britannica", produziert von Michael Oates (1998) für die Manchester Astronomical Society. Alle Abbildungen mit freundlicher Genehmigung der Autoren. Die Zeichnungen wurden mit dem Programm „CorelDraw 7" gefertigt. Die Sternbild-Darstellungen wurden erzeugt mit „Guide 6.0" und weiterbearbeitet mit „Corel PhotoPaint 7" und „CorelDraw 7". Die Fotografien wurden bearbeitet mit „Corel PhotoPaint 7".

Die Deutsche Bibliothek – CIP-Einheitsaufnahme

Celnik, Werner E.:
Was man am Himmel sieht : Sternbilder erkennen und verstehen; mit detailgenauen Sternenkarten / Werner E. Celnik. - Augsburg : Naturbuch-Verl., 1999
   ISBN 3-89440-339-X

Naturbuch Verlag
© 1999 Weltbild Verlag GmbH, Augsburg
Alle Rechte vorbehalten
Layout: Uhl + Massopust, Aalen, gesetzt aus der Frutiger in 8 Punkt
Umschlaggestaltung: Artelier für Grafik & Werbung, München
Umschlagfotos: Astrofoto/Shigemi Numazawa (vorne); hinten: Astrofoto: Van Ravenswaay (oben), AAO (Mitte), ROE/AAT Board (unten)
Illustration/Grafik: Dr. W. E. Celnik
Druck und Bindung: Neue Stalling, Oldenburg
Gedruckt auf chlorfrei gebleichtem Papier
Printed in Germany

ISBN 3-89440-339-X

Vorwort

Die Beschäftigung mit der Astronomie setzt ein bereits vorhandenes Bewußtsein für die Natur voraus. Und das Bewußtsein für Abläufe in der Natur weckt ganz natürlich das Bestreben, die Natur zu erleben, zu erfahren, mit allen Sinnen wahrzunehmen. Das Beobachten und das Erleben des nächtlichen Himmels sind dabei nicht trennbar vom Erleben der Natur an sich. Dazu gehört das Hörerlebnis des rauschenden Windes genauso wie das Erfühlen von Wärme und Kälte in der Nacht oder das Riechen des Bodens und der Pflanzen in der Morgendämmerung.

Dieser Sternenführer soll Hilfestellung geben und Mut machen, sich am Himmel zu orientieren und sich so intensiver mit dem Sternhimmel als Ausdruck der Natur zu beschäftigen. Im ersten Teil des Buches stellen wir die verschiedenen Arten von Himmelsobjekten vor, damit wir auch erfahren, was das ist, das wir am Himmel erkennen. In einer Einführung beschäftigen wir uns mit der Einteilung und Sichtbarkeit des Himmels. Da nicht überall auf der Erde derselbe Himmelsausschnitt zur selben Zeit zu sehen ist, beschränken wir uns mit diesem Buch auf die von Mitteleuropa und dem Mittelmeerraum aus sichtbaren Himmelsbereiche. In Kapitel 3 finden wir jahreszeitenabhängige Übersichtskarten des Sternhimmels für die geografischen Breiten 50° (Mitteleuropa) und 38° (Mittelmeerraum). In Kapitel 4 werden alle beobachtbaren Sternbilder mit ihren wichtigsten Objekten vorgestellt. Der Blick in die nachfolgenden Tabellen über die Sichtbarkeit der Sternbilder lohnt. Das abschließende Glossar erläutert die in diesem Buch verwendeten kursiv gedruckten Fachausdrücke.

Für Anregungen und Fragen aus dem Leserkreis bin ich sehr dankbar. Ich wünsche allen Lesern eine interessante und anregende Lektüre.

Werner E. Celnik

Inhalt

Prolog

Ich stehe auf diesem hohen flachen Sattel. Die Luft ist dünn. Ich bin allein. Der Sturm umtost mich. Dennoch ist mir nicht kalt. Ich trage gefütterte Bergstiefel und zwei Paar Hosen. Die Kapuze meines Anoraks ist geschlossen. Die Dicke meiner Pullover ist ideal aufeinander abgestimmt. Nichts soll mich einengen. Ich brauche Weite: Länge, Breite und … Höhe. Ich blicke nach oben. Der Anblick ist mir vertraut. Doch ist keine Nacht wie die andere. Immer ist irgend etwas anders als in der Nacht zuvor. Jede Nacht ist einzigartig, ein Schatz, der entdeckt werden will.

Mein Blick wird von der hellen Sternwolke im Schützen angezogen. Seit sie über dem Horizont steht, ist es heller geworden. Ich benötige keine Taschenlampe mehr beim Gehen. Die Wolke ist durch ein lichtschwächeres Band in zwei fast gleiche Hälften geteilt. Darunter fällt eine runde, nur wenig kleinere und schwächere Wolke ins Auge. Ihre Helligkeit nimmt nach innen hin zu und gipfelt in diesem markanten Sternhaufen…

Meine Brille erinnert mich daran, daß mir der kräftige Südwest ins Gesicht bläst: Sie strahlt Kälte aus. Ich drehe mich für eine Weile um. Der Große Wagen neigt sich im Nordwesten langsam dem Horizont zu. Ich meine, seine Drehung um den Himmelspol erfassen zu können. Es ist Anfang Mai. Überall liegen Schneefelder verstreut. Der Schnee in einiger Entfernung besitzt dieselbe Helligkeit wie der sternenübersäte Himmel. Im Westen steht die Venus einige Grad hoch über dem scharf gezackten Horizont. Ich verfolge, wie der Abendstern verschwindet. Zwei lange Sekunden dauert sein Untergang.

Der Himmel erscheint jetzt ärmer als vorher. Etwas fehlt. Es ist, als wolle die Wega Ersatz bieten. Sie zwingt meinen Blick nach oben in den Zenit. Blau strahlt sie. Das Band der Milchstraße erscheint körnig und ist unglaublich breit. Es reicht über den Standort der Wega hinaus. Mitten drin stürzt der Schwan mit ausgebreiteten Schwingen, dem Adler folgend, auf den Skorpion zu. Der, hinter den dunklen Wolken des Schlangenträgers versteckt, trachtet zu entkommen. Seltsam, das helle Band scheint sich in einen Schwarm von Millionen Vögeln aufzulösen. Ich nehme die Kapuze ab und lausche. Nur das Rauschen der Schwingen ist zu hören. Oder ist es der stete Wind, der die vereinzelt zwischen den Steinen sich behauptenden Grasbüschel in Wellen niederdrückt? Obwohl ich keine Handschuhe trage, sind meine Hände warm. Der Wind ist trocken. Die Kälte ist trocken.

Ich nehme den Himmel nicht als Sphäre, sondern als Raum in mich auf, bin bewußt entspannt. Ich spüre Zeitlosigkeit, obwohl die Nacht fort-schreitet. Ich wende mich nach Osten. Die Cassiopeia ist aufgegangen. Die Milchstraße ist hier dünn geworden. Ich blicke über den Rand der Diskusscheibe hinaus. Der Abgrund. Ich lasse mich treiben. Unendlich-keit. Gedanken kommen und gehen. Was tue ich hier? Warum bin ich hier? Vor mir schwebt der Andromedanebel. Er ist ganz nah… Hinter mir ruft die Milchstraße mich zurück. Gut so. Um weiter zu gehen ist die Zeit noch nicht reif.

Es ist still geworden, hier draußen zwischen den Galaxien. Der Wind hat sich gelegt. Dennoch kann ich etwas hören. Undefinierbar. Mich schaudert. Ich habe vergessen zu atmen. Ich hole tief Luft. Sie schmeckt würzig. Da weiß ich, daß die Dämmerung naht. Das ist im-mer so. Ich setze mich auf einen Felsen. Mein Blick sucht den Horizont. Plötzlich fühle ich Einsamkeit. Auf tausend Quadratkilometer bin ich mit Sicherheit allein. Die Sterne blinken nicht. Ihr ruhiges Licht vermit-telt Vertrautes. Ich denke an Menschen, die mir nahestehen. Glück, Wärme, Geborgenheit. Schade, daß ich nicht diese Nacht mit ihnen teilen kann. Ist das überhaupt möglich? Wenn keine Nacht ist wie die andere, erlebt dann nicht auch jeder seine Nacht ganz für sich allein? Im Guten wie im Schlechten? Dies ist eine gute Nacht. Gute Gedanken.

Da erscheint der erste fahle Schein der weichenden Nacht. Ein grauer Streifen, nur wenig Blau darin. Der Horizont zeigt eine messerscharfe Kontur. Die Sterne hoch in der Osthälfte des Himmels fangen an zu flackern. Aha, dort oben geht soeben die Sonne auf. Die Nacht ist vor-bei, auch wenn selbst noch schwache Sterne erkennbar sind. Dennoch bleibe ich hier sitzen. Der Osthorizont färbt sich tiefrot. Ganz schmal nur. Das Rot geht über alle Spektralfarben in den hellblauen Dämme-rungsbogen über. Die Grenze des Bogens ist scharf. Darüber stehen noch immer die Sterne.

Ich sinne darüber nach, ob ich versuchen sollte, einen hellen Stern bis nach Sonnenaufgang zu verfolgen. Da wuscht etwas Dunkles vor meinem Gesicht vorbei! Schreck! Ein sirrend-brummendes Geräusch. Ich sehe einen schwarzen Schatten vor dem heller gewordenen Him-mel sich extrem schnell bewegen. Der Schatten hat Flügel und einen gespaltenen Schwanz: eine Schwalbe auf Insektenjagd. Die Natur er-wacht aus ihren Träumen.

Präsent war sie auch während der Nacht. Habe ich sie nicht gesehen und – gehört, geschmeckt, gefühlt? Mit allen Sinnen aufgenommen? Die Natur teilt sich uns mit. Immer. Nur verstehen wir sie nicht immer. Oder wir versuchen es einfach nicht. Dabei lohnt es sich: Es ist schön, so mittendrin zu sein – im Universum.

Die Wahl des Standortes und der Hilfsmittel

Einen ungetrübten Genuß des nächtlichen Sternhimmels, wie im Prolog beschrieben, erleben wir leider nur noch selten. In der Lichterfülle unserer Zivilisation sind oftmals selbst die hellsten Sterne überdeckt durch Straßenbeleuchtung, Lichtreklame und seit einigen Jahren auch durch die sogenannten »Skybeamer«, unnütze Strahler, die energieverschwendend helle Strahlen zu Werbezwecken in den Himmel schicken. Hinzu kommt die Luftverschmutzung in der Umgebung dichter Besiedelung und Industrieanlagen, die durch die damit verbundene zusätzliche *Streuung* des Lichtes für eine starke Aufhellung des Nachthimmels sorgt. So bleibt uns nur die Flucht aus den lichtverschmutzten Regionen in das dünnbesiedelte Land oder ins Hochgebirge, wo die Menge an Licht, Staub und Dunst (noch) gering ist und die Betrachtung selbst lichtschwacher Himmelsobjekte gestattet. Unter einem klaren Sternhimmel ist die Wärmeabstrahlung des

Unter den Sternbildern »Südlicher Fisch« und »Kranich« beleuchtet rotes Licht den Beobachter und sein Instrument. Aufgrund der langen Belichtungszeit bei stehender Kamera werden die Sterne als Strichspuren abgebildet.

Bodens besonders hoch. Es kann des Nachts selbst im Sommer empfindlich kalt werden. Warme Kleidung ist für die Himmelsbeobachtung deshalb unerläßlich. Eine Taschenlampe mit dem nicht blendenden Rotlicht ist hilfreich, ebenso eine transportable Sitzgelegenheit. Wir beginnen mit der Beobachtung mit dem bloßen Auge. Selbst ohne technische Hilfsmittel sehen wir am dunklen Himmel viele Sterne und nicht-stellare Objekte. Jedoch ein kleiner Feldstecher mit einer Öffnung von drei bis fünf Zentimetern und einer sechs- bis 10fachen Vergrößerung reicht bereits viel weiter. Zur Beobachtung mit dem Feldstecher ist es hilfreich, wenn wir ihn aufstützen können, z.B. durch die Befestigung auf einem stabilen Fotostativ. Auch beim Einsatz eines kleinen Teleskops, z. B. eines kleinen Linsen-Fernrohres von ca. sechs bis zehn Zentimetern Öffnung, muß das Instrument möglichst wackelfrei, also fest aufgestellt werden. Zur Wahl eines für die Himmelsbeobachtung geeigneten Instrumentes wenden wir uns an unsere örtliche Volkssternwarte, ein Planetarium oder an die Vereinigung der Sternfreunde e. V. (Geschäftsstelle: Am Tonwerk 6, D-64646 Heppenheim), die uns alle gerne Unterstützung gewähren.

Beobachten wir regelmäßig, sollten wir ein Beobachtungsbuch führen, eine kleine Kladde, in der wir unsere Beobachtungen mit kurzen Notizen festhalten, um sie zu einem späteren Zeitpunkt nachvollziehen zu können: z.B. die Sichtung einer besonders hellen Meteorerscheinung im Sternbild xy um die und die Uhrzeit an dem und dem Tag, oder die Sichtung eines bestimmten Sternhaufens mit dem und dem Instrument bei den und den Wetterbedingungen. Wir können auch versuchen, die schönsten Himmelsobjekte in einer Bleistiftzeichnung festzuhalten.

Zum Gebrauch dieses Buches

Dieses Buch können wir für verschiedene Zwecke bei der Beobachtung des Himmels einsetzen:

a) Wir wollen uns unter dem sternklaren Himmel zurechtfinden und versuchen, Sternbilder zu identifizieren.
b) Die Urlaubsreise naht und wir wollen herausfinden, welche Sternbilder zu dieser Zeit am Urlaubsort zu sehen sein werden.
c) Wir haben Sternbilder bereits identifiziert und wollen nähere Einzelheiten über das Sternbild und seine Objekte erfahren, um sie mit bloßem Auge oder mit einem kleinen Instrument aufzufinden.

Der erste Fall wird uns wahrscheinlich auch zuerst begegnen.

Die Orientierung am Sternenhimmel

Zuerst müssen wir die Himmelsrichtungen feststellen. Anschließend wählen wir im Übersichtsteil (ab Seite 47) die Karte für unseren ungefähren Standort und die richtige Jahres- und Uhrzeit aus. Die Sterne der einzelnen Sternbilder sind in den Übersichtskarten ab Seite 82 mit leicht nachvollziehbaren Linien verbunden. Wenn wir beachten, daß die Sternbilder am Himmel viel größer erscheinen als auf dem kleinen Blatt Papier, wird der Vergleich zwischen Buch und Himmel nicht mehr allzu schwer fallen. Zur Information über ein einzelnes Sternbild suchen wir dann die Detaildarstellung im Teil 4 auf.

Die Vorbereitung einer Beobachtung

In den Sommerferien soll es auf eine Insel in der Ägäis gehen. Welche Sternbilder werden dort zu sehen sein? Wir schlagen im Übersichtsteil ab Seite 66 die Himmelskarten für den Sommerhimmel im Mittelmeerraum auf. Hier finden wir, zu welchen Uhrzeiten welche Karten exakt stimmen. Zu späteren Nachtzeiten als auf der Karte vermerkt, sind im Osten schon neue Sternbilder aufgegangen und die Sternbilder im Westen bereits untergegangen. Zu früheren Nachtzeiten sind noch nicht alle abgebildeten östlichen Sternbilder aufgegangen, und in der Abbildung nicht mehr dargestellte Sternbilder unter dem Westhorizont stehen noch am Himmel.

Kennenlernen einzelner Sternbilder

Die einzelnen Sternbilder sind mit ihren hellsten interessanten ab Seite 82 dargestellt. Die Sternbilder sind geordnet nach ihrer Deklination aufgeführt. Wir finden die Sternbildsagen und die wichtigsten helleren Objekte des Sternbilds. Daten zu den Sternbildern finden wir im darauf folgenden Tabellenteil ab Seite 174. Hier sind auch alle Sternbilder mit deutschem und (offiziellem) lateinischem Namen aufgeführt, ebenso das griechische Alphabet.

Der Autor mit seinem Teleskop bei der Vorbereitung der kommenden Beobachtungsnacht auf dem 3200 m hohen Gornergrat / Zermatt / Schweiz. Blick nach Osten auf den Monte Rosa.

13

Die Himmelsobjekte

Die Sterne

In einer klaren, mondlosen Nacht, fernab störender künstlicher Lichtquellen, erkennen wir mit bloßem Auge nahezu 3000 Sterne am Himmel: Sonnen, vergleichbar mit der unseren, so weit entfernt, daß sie uns nur als Punkte erscheinen. Das gebräuchliche Längenmaß im Universum ist das *Lichtjahr.* Das Licht pflanzt sich mit einer Geschwindigkeit von fast genau 300 000 km/s fort. Ein Lichtjahr ist die Strecke, die das Licht in der Zeit eines Jahres zurücklegt: rund $9^{1}/_{2}$ Billionen Kilometer. Zum Vergleich: Unsere Erde umläuft die Sonne einmal im Jahr in einem mittleren Abstand von 149 500 000 km, das entspricht $8^{1}/_{3}$ Lichtminuten. Der uns nächste Fixstern, Proxima Centauri, ist 4,23 Lichtjahre von uns entfernt, das ist die mehr als 60 000fache Entfernung unserer Erde von der Sonne. Und alle anderen Sterne sind viel weiter entfernt.

Vielfach finden wir, vor allem in der Fachliteratur, als Längeneinheit auch das sogenannte »Parsec«. Dieses Kunstwort leitet sich ab aus dem Begriff »Parallaxensekunde«. Sie beruht nicht auf der Geschwindigkeit des Lichtes, sondern auf der Geometrie unserer Erdbahn im Sonnensystem. Das räumliche Sehen des Menschen beruht auf dem Prinzip der *Parallaxe:* Mit dem linken Auge sehen wir nahe Gegenstände weiter rechts, mit dem rechten Auge sehen wir denselben Gegenstand weiter links vor dem Hintergrund anderer Gegenstände. Ähnliches gilt im Großen für unsere ganze Erde, mit der wir uns um die Sonne bewegen. Während des Umlaufs um die Sonne sehen wir in Erdposition A einen bestimmten nahen Stern vor dem Hintergrund entfernter Sterne an der Himmelsposition A (s. Abb. rechts oben). Ein halbes Jahr später stehen wir mit der Erde auf der anderen Seite der Sonne in Erdposition B. Jetzt beobachten wir denselben Stern an einer anderen Stelle vor dem entfernten Sternenhintergrund, an Himmelsposition B. Die scheinbare Verschiebung des nahen Sterns vor dem Hintergrund messen wir durch den Winkel 2π.

Der Stern beschreibt im Laufe eines Erdjahres vor dem Hintergrund einen Bogen mit dem Radius π. Der Bogen ist umso größer, je näher uns der Stern steht. Aus der Größe des Winkels π können wir demnach die Entfernung D des nahen Sterns ableiten (was wir hier jetzt nicht tun wollen). Nur so viel: Beträgt der Winkel π genau 1 *Bogensekunde* (d. i. 1/3600 eines Grades) so beträgt die Entfernung exakt 1 Parallaxensekunde (= 1 Parsec = 1 pc). Eine Parallaxe von 0,1 Bogensekunde

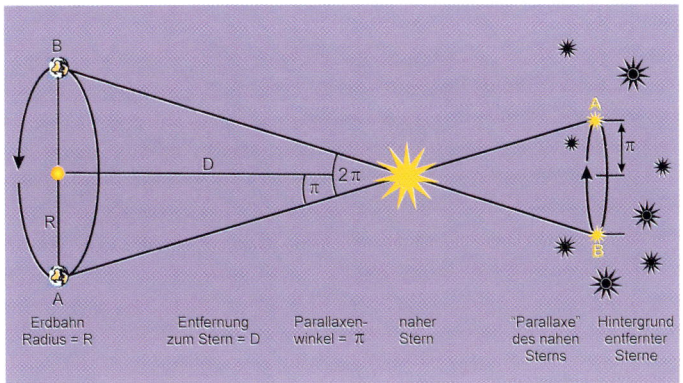

Definition der Parallaxe

entspricht dann einer Entfernung von 10 pc usw. Ein Parsec entspricht umgerechnet 206 265 Erdbahnradien oder 3,26 Lichtjahren.

Leider sind die Sterne so weit entfernt, daß die Parallaxen extrem klein sind.

Bei unserem Nachbarstern Proxima Centauri beträgt die Parallaxe gerade einmal 0,762 Bogensekunden, was zu einer Entfernung von 1,3 pc führt.

Mit modernen astronomischen Erdsatelliten haben die Astronomen immerhin Parallaxen viel weiter entfernter Sterne in der Größenordnung 1/1000 Bogensekunde gemessen.

Natürlich bewegen sich, wie alles im Universum, auch die Sterne. Aufgrund ihrer riesigen Entfernung ist diese Bewegung jedoch nur mit feinsten Instrumenten nachweisbar. Zu Lebzeiten und für das Auge eines einzelnen Beobachters verschieben sich die Sterne dagegen nicht, sie scheinen angeheftet zu sein am scheinbaren Himmelsgewölbe, daher die Bezeichnung Fixsterne.

Die Helligkeit der Sterne

Die Tausende von Sternen, die wir mit bloßem Auge am dunklen Nachthimmel erkennen können, erscheinen uns in unterschiedlicher Helligkeit. Wir erkennen wenige sehr helle und viele schwächere Sterne. Um die Helligkeit genauer als mit diesen Worten zu beschreiben, teilt man seit der Antike die Sterne in Helligkeitsklassen ein, die

sogenannten »*Größenklassen*« (lat. magnitudo, abgekürzt »mag«).
Die hellsten Sterne sind demzufolge Sterne 1. Größenklasse, die
schwächsten, im dunklen Hochgebirge gerade noch mit bloßem Auge
erkennbaren Sterne sind der 7. Größenklasse zugeordnet. Die modernen Astronomen haben den Begriff der Größenklasse, der für unsere
Zwecke völlig ausreicht, natürlich auf eine wissenschaftliche Basis gestellt. Uns kann genügen, daß ein Objekt 6. Größenklasse hundertmal
lichtschwächer ist als ein Objekt 1. Größenklasse. Je höher die Zahl der
Größenklasse, umso lichtschwächer ist ein Objekt, je kleiner die Zahl
der Größenklasse, umso heller erscheint uns ein Objekt.
Nach oben wie nach unten ist diese Helligkeitsskala offen. So haben
z.B. der Polarstern im Sternbild Ursa Minor (Kleiner Bär) die Helligkeit
+2,1 mag, der hellste Stern des Nordhimmels, die Wega im Sternbild
Lyra (Leier), die Helligkeit 0,0 mag und der hellste aller Sterne am
Himmel, der Sirius im Sternbild Canis Major (Großer Hund), die Helligkeit –1,5 mag. Noch hellere Himmelsobjekte finden wir z.B. im Planeten Venus, der immer heller ist als -4 mag, in unserem Mond und in
der Sonne, die mit einer Helligkeit von -26 mag alles andere überstrahlt. In der dunklen Nacht sind mit einem Teleskop mit 20 cm Öffnung Sterne bis 15 mag beobachtbar. Die empfindlichsten Teleskope
der Welt erreichen mit modernen CCD-Kameras lichtschwächste Objekte mit einer Helligkeit bis hinunter zu +30 mag. Die Abbildung
veranschaulicht die Größenklassenskala schematisch.
Die Sterne, die wir am Nachthimmel mit bloßem Auge erkennen können, sind bis auf wenige Ausnahmen alle nicht weiter entfernt als
höchstens einige tausend Lichtjahre. Die Erfahrung lehrt uns, daß von

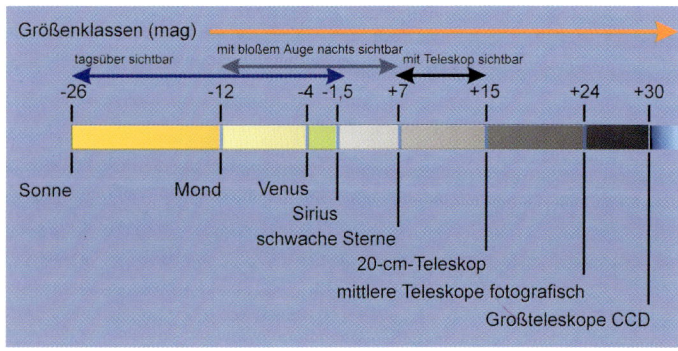

Veranschaulichung der Größenklassenskala

Der mittlere Deichselstern des Großen Wagens, Mizar, mit seinem optischen Begleitstern Alkor, der kein echter Begleiter ist, sondern nur zufällig in derselben Richtung steht. Aufnahme mit Blende 4 und Brennweite 300 mm, belichtet 10 Minuten auf ISO 800 Farbfilm.

zwei gleich hellen Objekten uns das entferntere lichtschwächer erscheint. Wir dürfen hier aber nicht annehmen, daß generell lichtschwache Sterne weiter entfernt sind als helle Sterne. Proxima Centauri als der uns nächste Stern ist mit +11 mag ein sehr lichtschwaches Objekt, das wir mit bloßem Auge nicht erkennen können. Der fast genauso nahe Stern Alpha Centauri, in unmittelbarer Nähe von Proxima, ist jedoch ein Stern 1. Größenklasse. Der scheinbare Helligkeitsunterschied wird also nicht unbedingt durch die Entfernung verursacht, er muß auch in den Sternen selbst zu suchen sein.

Sterne sind nichts anderes als mit unserer Sonne vergleichbare Objekte: riesige Kugeln aus heißem Gas, das aufgrund von extrem hohen Temperaturen und Drücken im Zentrum der Gaskugeln Licht aussendet. Da alle Sterne aus *interstellaren* Staub- und Gaswolken entstanden sind (die Entstehung und Entwicklung von Sternen wollen wir an dieser Stelle aber nicht behandeln), kann der eine Stern zufällig mehr, der andere weniger Materie abbekommen haben. Es gibt also Sterne unterschiedlicher Masse. Es ist nachweisbar, daß massereiche Sterne i. a. einen größeren Durchmesser und damit eine größere Oberfläche

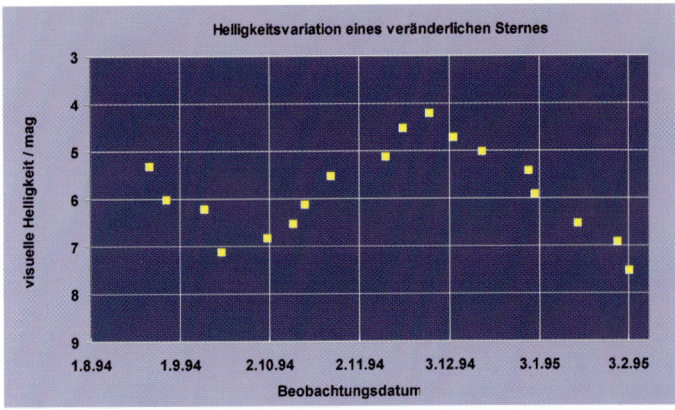

Beispiel für die mit dem Auge geschätzte Lichtkurve eines veränderlichen Sterns. Die Punkte streuen aufgrund von Schwankungen in der Erdatmosphäre und der Ungenauigkeit der Schätzung.

besitzen als die masseärmeren Sterne. Sterne mit größerer Oberfläche können mehr Licht abgeben und erscheinen heller als Sterne mit kleinerem Durchmesser in derselben Entfernung. Man unterscheidet daher zwischen an sich hellen Riesensternen, normalen Sternen und von sich aus lichtschwachen Zwergsternen. Unsere Sonne mit einem Durchmesser von ca. 1,4 Millionen km gehört glücklicherweise zu den normalen Sternen. Arkturus im Sternbild Bootes ist ein Riesenstern mit vielfachem Sonnendurchmesser, während Proxima Centauri ein Zwergstern mit einem Bruchteil des Sonnendurchmessers ist. Alpha Centauri ist ein Doppelstern aus zwei normalen Sternen.

Veränderliche Sterne sind Sterne, die am Himmel einen Lichtwechsel zeigen. Es gibt Bedeckungsveränderliche und wahre Veränderliche. Bedeckungsveränderliche sind Doppelsternsysteme, deren Umlaufbahnen umeinander so eng sind, daß sie von der Erde aus nicht getrennt gesehen werden können. Die Komponenten des Systems bedecken sich regelmäßig gegenseitig, so daß ein Lichtwechsel beobachtet wird. Algol im Sternbild Perseus ist ein Musterbeispiel. Wahre Veränderliche verändern sich selbst: Ihr Durchmesser, ihre Oberflächentemperatur, ihre Farbe verändern sich aufgrund innerer physikalischer Prozesse. Musterbeispiel für einen solchen Stern ist δ Cephei im Sternbild Cepheus. Durch die Form ihrer Lichtkurve lassen sich verschiedene Typen von Veränderlichen unterscheiden.

Die Farben der Sterne

Neben der Helligkeit fällt uns noch ein weiteres Unterscheidungs-
merkmal unter den Sternen auf: die Farbe des Sternlichtes. Bei den
hellsten Sternen des Himmels erkennen wir leicht ohne optische Hilfsmittel, daß sie in verschiedenen Farben strahlen. Besonders auffällig
ist dies z.B. bei den Hauptsternen des Wintersternbildes Orion
(s. Seite 126). Der Stern Beteigeuze als linker (östlicher) Schulterstern
des Himmelsjägers ist deutlich rot, während im selben Sternbild der
Stern Rigel als rechter (westlicher) Fußstern blau strahlt. Ähnliches ist
am Sommerhimmel im Vergleich zwischen dem blauen Stern Wega im
Sternbild Lyra (Leier) (s. Seite 108) und dem rötlichen Stern Arkturus
im Sternbild Bootes (Bärenhüter) (s. Seite 106) bemerkbar. Bei den
schwächeren Sternen zeigt sich die Farbe erst bei Zuhilfenahme opti-
scher Instrumente: In einem kleinen Teleskop ab 60 mm Öffnung läßt
sich z.B der Doppelstern Albireo (Beta Cygni) (s. Seite 108) in eine
orangefarbene und eine blaue Komponente auflösen, ein Farbkon-
trast, wie man ihn sich schöner kaum wünschen kann. Doch woher
kommt die Farbe der Sterne?
So wie es Sterne mit unterschiedlicher Masse und verschiedenen
Durchmessern gibt, erzeugen sie im Inneren mal mehr, mal weniger

Strichspuraufnahme des Sternhimmels mit Blende 1,4 und Brennweite 50 mm,
15 Minuten belichtet mit stehender Kamera auf Farbdiafilm (ISO 160).

Energie, was mit der über Milliarden Jahre laufenden Entwicklung eines Sternes zusammenhängt. Die Sternoberfläche kann daher je nach Typ des Sterns eine Temperatur zwischen 1500 und 50 000 Grad aufweisen. Sterne mit kühler Oberfläche erscheinen rötlich, heiße Sterne leuchten dagegen bläulichweiß. In den Detailansichten der Sternbilder sind alle Sterne mit ihren Farben eingezeichnet.

Mehr als nur Sterne

Die Milchstraße

Das zarte Band der *Milchstraße* umspannt das gesamte Firmament, Nord- und Südhimmel. Mit dem bloßen Auge betrachtet erscheint sie uns als milchiges diffuses Band von Licht, das in helle und dunkle Wolken untergliedert ist und das wir nicht in einzelne Objekte auflösen können. Nehmen wir ein Teleskop zu Hilfe, erkennen wir schnell die wahre Natur dieses leuchtenden Bandes: Helle Milchstraßenwolken zeigen sich in Tausende, Millionen Sterne aufgelöst. Dunkle Wolken sehen wir als leere Räume fast ohne Sterne, fast Löchern im Himmel gleichend. Hier verdecken dunkle Staubmassen im interstellaren Raum zwischen den Sternen die Sicht auf entfernte Sterne.
Die Milchstraße ist also im entzauberten Sinne nichts anderes als eine riesige Ansammlung von Millionen und Abermillionen von Sternen, die im Raum so dicht gestaffelt stehen, daß wir sie nicht mehr voneinander unterscheiden können. Der Raum zwischen den Sternen ist nicht leer, sondern gefüllt mit interstellaren Staub- und Gasmassen, die wir als *Dunkelwolken* wahrnehmen.
Mit dem Begriff Milchstraße beschreiben wir nicht nur die Erscheinung am Himmel, sondern er ist auch die Bezeichnung für die Heimat unserer Sonne im Universum. Die Objekte in der Milchstraße sind nicht strukturlos angehäuft, sie bilden vielmehr die räumliche Gestalt einer diskusförmigen Scheibe mit recht fest umrissenen Grenzen. Unsere Sonne umläuft zusammen mit allen anderen Sternen und weiteren Milchstraßenobjekten das Zentrum der Milchstraße, die wir auch als »Galaxis« bezeichnen. Die Scheibe der Milchstraße hat solch gewaltige Ausmaße, daß die Sonne für einen Umlauf 200 Millionen Jahre benötigt. Der Durchmesser beträgt etwa 100 000 Lichtjahre, wobei sich die Sonne etwa 28 000 Lichtjahre vom Zentrum entfernt befindet. Die Scheibe ist ca. 1000 Lichtjahre dick und die Sonne befindet sich nahe der Hauptebene der Scheibe. In dieser Hauptebene konzentriert sich neben 200 Milliarden Sternen auch die interstellare Materie, von

Das Band der Milchstraße zieht sich über den ganzen Himmel. Aufnahme bei
Blende 2,8 und Brennweite 16 mm, belichtet 40 Min. auf ISO 1000 Farbdiafilm.

der wir am Himmel nur die dunklen Staubwolken wahrnehmen. Der
Verteilung der Materie in der Diskusscheibe der Milchstraße finden
wir wie auch bei anderen Galaxien eine spiralförmige Struktur aufge-
prägt. Unser Milchstraßensystem ist eine flache Spiralgalaxie, wir woh-
nen mittendrin und nehmen die Scheibe wahr als schmales Band am
Himmel aus leuchtenden Sternen und dunklen Staubwolken.
Am schönsten ist die Milchstraße im Sommer, wenn das helle Zentrum

der Milchstraße im Sagittarius (Schütze) über dem Südhorizont steht
und das Band hoch über uns durch den Zenit läuft.

Sternhaufen

Streifen wir in Ruhe mit dem bloßen Auge durch den Sternhimmel, so
fällt uns nicht nur das Band der Milchstraße auf. Auch abseits davon
beobachten wir bei sorgfältiger Betrachtung an bestimmten Stellen
des Himmels kleine diffuse Objekte. Bei näherem Hinsehen mit einem
Feldstecher oder einem Teleskop enttarnen sich viele dieser Flecken
als dichte Ansammlung zahlreicher lichtschwacher Einzelsterne. Wir
haben es hier mit Sternhaufen zu tun. Nach ihrem Erscheinungsbild
kennen wir zwei grundsätzliche Arten von Sternhaufen: die offenen
Haufen und die Kugelhaufen. Die offenen Sternhaufen sind locker,
eben offen strukturiert. Sie lassen ein mehr oder weniger konzentrier-
tes Zentrum in der Sternanhäufung erkennen und können einige hundert bis zu viele tausend Sterne umfassen. Die Abbildung unten zeigt
einen der schönsten offenen Haufen am Nordhimmel: h + chi Persei
im Sternbild Perseus ist ein doppelter offener Sternhaufen, der leicht
mit bloßem Auge erkennbar ist (s. Seite 99).

*Gleich zwei offene Sternhaufen: h und chi im Sternbild Perseus. Aufgenommen
mit Blende 4 und 760 mm Brennweite, 12 Min. belichtet auf Kodak T-max 400
Scharzweißfilm.*

Der kugelförmige Sternhaufen Omega Centauri, aufgenommen mit Blende 4 und 760 mm Brennweite, 60 Min. belichtet auf ISO 800 Farbdiafilm.

Kugelsternhaufen sehen ganz anders aus, nämlich kugel- oder leicht ellipsenförmig. Sie enthalten mehrere tausend bis zu viele Millionen Sterne, die meist in einem sehr ausgeprägten Zentrum konzentriert sind. Der bekannteste Kugelhaufen am Nordhimmel ist M 13 im Sternbild Hercules, mit seinen 500 000 Mitgliedssternen bei mitteldunklem Himmel leicht mit bloßem Auge aufzufinden und schon 1714 von Halley gesehen (s. Seite 119). Einer der schönsten Kugelsternhaufen ist Omega Centauri (= ω Cen) am Südhimmel (s. Seite 163).

Bei beiden Arten von Sternhaufen gehen die Astronomen davon aus, daß alle Haufenmitglieder zusammen aus einer riesigen Gas- und Staubwolke entstanden sind, also alle Sterne eines Haufens gleich alt sind. Deshalb besitzen die Sternhaufen eine große Bedeutung in der Erforschung der Sterne und der Messung des Alters des Universums. Offene Sternhaufen sind fast überall in der Milchstraße zu finden, einige helle Haufen stehen uns recht nahe, so daß wir sie mit bloßem Auge oder kleinen Instrumenten in Einzelsterne auflösen können.

Kugelsternhaufen sind jedoch nicht so zahlreich, so daß die meisten recht weit von uns entfernt sind. M 13 ist z. B. etwa 34 000 Lichtjahre von uns entfernt, ω Cen etwa 18 000 Lichtjahre. Wir erkennen Kugelhaufen z. T. nur deshalb mit bloßem Auge, weil sie so viele Mitgliedssterne besitzen, was ihre Gesamthelligkeit steigert. Aufgrund ihrer großen Entfernung sind die Kugelhaufen mit bloßem Auge oder mit kleinen Teleskopen nicht in Einzelsterne auflösbar. Dennoch sind sie schöne, ja eindrucksvolle Himmelsobjekte.

Gasnebel

Schon mehrfach haben wir die Existenz interstellarer Materie erwähnt, aus der die Sterne entstanden sind und heute noch neue Sterne entstehen. Und sicher sind uns allen noch die schönen bunten Himmelsaufnahmen in Erinnerung, die wir im Zusammenhang mit astronomischen Themen stets gezeigt bekommen. Die schönen Farben stammen fast immer von flächenhaft am Himmel ausgedehnten Objekten, den hellen Nebeln. Diese Nebelflecken sind ein Teil der interstellaren Materie, die aus Gas- und Staubwolken verschiedener chemischer Zusammensetzung besteht. Diese Wolken einzelner Gas- und Staubteilchen sind im Raum zwischen den Sternen in unserer Milchstraße äußerst dünn verteilt. Im Mittel kommt auf einen Kubikzentimeter gerade einmal ein einzelnes Teilchen. Den wolkenartigen Eindruck schaffen diese Objekte erst durch ihre riesige Ausdehnung über Lichtjahre. Es gibt jedoch auch extrem dichte Wolken mit Millionen Teilchen pro Kubikzentimeter. Diese Wolken sind potentielle Kandidaten für Sternentstehung, wenn sie kalt sind und damit die innere Bewegung gering genug ist. Zum Vergleich: ein Kubikzentimeter Luft in Meereshöhe enthält Millionen millionenmal mehr Teilchen als die dichteste interstellare Gaswolke!
Ist aus einer solchen Gas-und Staubwolke einmal ein heißer blauer Stern entstanden, so regt er mit seiner starken ultravioletten Strahlung das übriggebliebene Gas viele Lichtjahre weit zum Leuchten an. Hier reagiert besonders das am häufigsten vorkommende Gas im Universum, das Wasserstoffgas, äußerst intensiv. Es gibt im visuellen Bereich ganz bestimmte Strahlung ab, nämlich im blauen, im grünen und vor allem im roten Licht. Um den heißen Stern herum bildet sich ein leuchtender Wasserstoff- oder Gasnebel, im Fachjargon »H II-Region« genannt. Fotografieren wir dieses Objekt, so erstrahlt der Gasnebel auf dem Film in einer intensiven roten Farbe. Der Lagunennebel im Sternbild Sagittarius (Schütze, s. Seite 153). ist einer der hellsten und schönsten Gasnebel am Himmel.

Die rotleuchtende H II - Region »Lagunennebel« und ein Nachbarnebel:
der »Trifidnebel«. Aufgenommen mit Blende 4 und 760 mm Brennweite,
60 Min. belichtet auf ISO 1000 Farbdiafilm.

Der Lagunennebel ist mit bloßem Auge selbst bei nur mäßig dunklem
Himmel erkennbar. Das bläuliche nebelartige Nachbarobjekt ist von
anderer Art.
Eine andere Art von Gasnebeln sind die *Planetarischen Nebel,* der
Trifidnebel und die am Himmel nie größer als einige Bogenminuten
(d. i. 1/60 Grad) erscheinen. Es sind Überreste von Hüllen abgestoße-
ner Sternatmosphären und deshalb meist von symmetrischer Natur.
Im Teleskop erkennt man nahezu kreisförmige grünliche Scheibchen,
die den Eindruck eines Planetenscheibchens vermitteln. Daher der
irreführende Name »Planetarische Nebel«.

Staubnebel

Über Staubwolken haben wir bereits gesprochen, als wir das Band der
Milchstraße betrachteten. Staubwolken sind wie die Gasnebel Teil der
interstellaren Materie. Staubwolken erkennen wir am Himmel in
zweierlei Form: einmal als dunkle Wolken, die das Licht der dahinter
befindlichen Sterne abblocken und so ein »Loch« zwischen hellen

25

Dunkelwolken im Sternbild Ophiuchus decken das Licht der Hintergrundsterne ab. Aufnahme mit Blende 2,4 und 85 mm Brennweite, 30 Min. belichtet auf ISO 400 Farbdiafilm.

Sternwolken vortäuschen, und einmal als bläuliche oder orangefarbene Staubnebel, die vom Licht benachbarter Sterne beleuchtet werden. Die Abbildung oben zeigt einen Ausschnitt aus dem Band der Milchstraße in den Sternbildern Sagittarius (Schütze) und Ophiuchus (Schlangenträger), auf dem wir markante Dunkelwolken erkennen.

Ein sehr schönes Beispiel für einen hellen Staubnebel finden wir im Trifidnebel mit roten und blauen Strahlungsanteilen. Die rote Strahlung stammt ebenso wie beim Lagunennebel von angeregtem Wasserstoffgas, diese Nebelkomponente sendet also eigenes Licht aus. Das blaue Licht ist jedoch Sternlicht. Hier werden Staubmassen, eigentlich dunkel, von einem in der Nähe stehenden blauen Stern beleuchtet. Der blaue Staubnebel sendet also kein eigenes Licht aus, er ist ein *Reflexionsnebel*. Eine äußerst spektakuläre Ansammlung verschiedenfarbiger Nebel ist in der Umgebung des hellen Sterns Antares im Sternbild Scorpius zu finden (s. Seite 150).

Galaxien

Die dritte Art der mit bloßem Auge am Himmel sichtbaren Nebelflecken zählt gar nicht zu den Nebeln: die *Galaxien*. Lange Zeit, bis
zum Anfang des 20. Jahrhunderts, wußten die Astronomen diese
Objekte nicht einzuordnen. Sind dies Gasnebel oder etwas anderes?
Gehören sie zu unserem Milchstraßensystem oder nicht?
Erst mit der Entwicklung der damals größten Teleskope der Welt auf
dem Mt. Wilson in Kalifornien gelang der Durchbruch. Erstmals waren
die Astronomen in der Lage, diese Nebelflecken in einzelne Sterne
aufzulösen. Es handelt sich also um Schwestersysteme unserer Milchstraße, um Galaxien mit Milliarden von Sternen. Die Abbildung zeigt
die hellste Galaxie am nördlichen Sternhimmel, den Andromedanebel
im Sternbild Andromeda (s. Seite 95). Diese Spiralgalaxie ist bereits mit
bloßem Auge als elliptisches Gebilde erkennbar. Sie ist neben den kleinen Begleitern der Milchstraße mit etwa $2^{1}/_{2}$ Millionen Lichtjahren
Entfernung die uns nächste wirklich große Galaxie. Wir schauen hier
erstmals in kosmische Distanzen hinaus! Mit kleineren Instrumenten
sind meist nur die helleren, aber im Vergleich zur Gesamtgröße viel
kleineren Kerngebiete der Galaxien erkennbar (s. Seite 83).

*Die Galaxie M31 im Sternbild Andromeda, aufgenommen mit Blende 4 und
760 mm Brennweite, 70 Min. belichtet auf ISO 1000 Farbdiafilm.*

Nomenklatur

Die Namensgebung spielte in der Astronomie schon immer eine wichtige Rolle. Um ein bestimmtes Himmelsobjekt beschreiben zu können, um mit anderen darüber reden zu können, ist nun einmal ein Name oder eine eindeutige Bezeichnung für das Objekt Bedingung.

Die Namensgebung für die Sterne kann vielfältige Traditionen vorweisen. Wir verwenden noch heute das von Johann Bayer in seinem Himmelsatlas »Uranometria« im Jahr 1603 eingeführte Bezeichnungssystem. Die hellsten Sterne eines Sternbildes werden in absteigender Reihenfolge ihrer Helligkeit mit den Buchstaben des griechischen Alphabets bezeichnet (das griechische Alphabet finden Sie am Ende des Buches im Tabellenteil). Der hellste Stern im Sternbild Lyra (Leier) wird so mit dem ersten Buchstaben des Alphabets α und mit dem Genitiv des lateinischen Sternbildnamens Lyrae oder abgekürzt α Lyr benannt. Der zweithellste β Lyr, der dritthellste γ Lyr, usw. Reicht das griechische Alphabet nicht aus, so werden ansteigende Nummern verwendet, z.B. 45 Ori für den 45-hellsten Stern im Orion. Für die hellsten Sterne am Himmel werden vielfach auch zusätzlich noch die arabischen, griechischen oder lateinischen Eigennamen verwendet. So ist α Lyr auch unter dem Namen »Wega« bekannt, β Orionis (= β Ori) auch als »Rigel« und α Ursae Minoris (= α UMi) auch als Polaris oder Polarstern. Die zahlreichen ganz schwachen Sterne haben vielstellige Nummern in Dutzenden verschiedener Sternkataloge erhalten.

Besondere Sterne wie außergewöhnliche veränderliche Sterne erhalten Sonderbezeichnungen, die z.B. aus einzelnen Großbuchstaben oder Buchstabenkombinationen bestehen. So ist z. B. der Stern R Virginis ein Veränderlicher im Sternbild Jungfrau.

Schwieriger gestaltet sich die Bezeichnung der nicht-stellaren Himmelsobjekte: der Sternhaufen, Nebel und Galaxien. Diese Objekte sind, soweit bekannt, katalogisiert in vielen verschiedenen Katalogen. Der erste und heute bekannteste Katalog ist der von 109 Nebelobjekten, zusammengestellt von Charles Messier in der zweiten Hälfte des 18. Jahrhunderts. Die kurzen M-Nummern sind vielen Fach- und Amateur-Astronomen lieber als andere, moderne Katalognummern. So hat der Lagunennebel die Nummer M 8 und der Andromedanebel die Nummer M 31 in Messiers Katalog.

Der noch heute allgemein verwendete »New General Catalogue« (NGC) von Dreyer beruht auf Beobachtungen von William Herschel. Er wurde bis 1907 durch Nachträge (Index Catalogue, IC) ergänzt und enthält mehr als 13 000 nicht-stellare Objekte, die nach *Rektaszension* (siehe »Das Äquatorsystem«) geordnet sind.

Einführung

Die Himmelsrichtungen

Angenähert können wir die Westrichtung aus der Richtung entnehmen, in der die Sonne am Horizont untergegangen ist. Im Sommerhalbjahr geht die Sonne etwas weiter »rechts« von der genauen Westrichtung unter. Der Untergangspunkt ist also von West nach Nord verschoben. Im Winterhalbjahr ist der Untergangspunkt von West nach Süd verschoben. Zu Frühlingsanfang und zu Herbstanfang geht die Sonne exakt im Westpunkt unter und im Ostpunkt auf. Genaueres dazu erfahren Sie in den nachfolgenden Kapiteln.

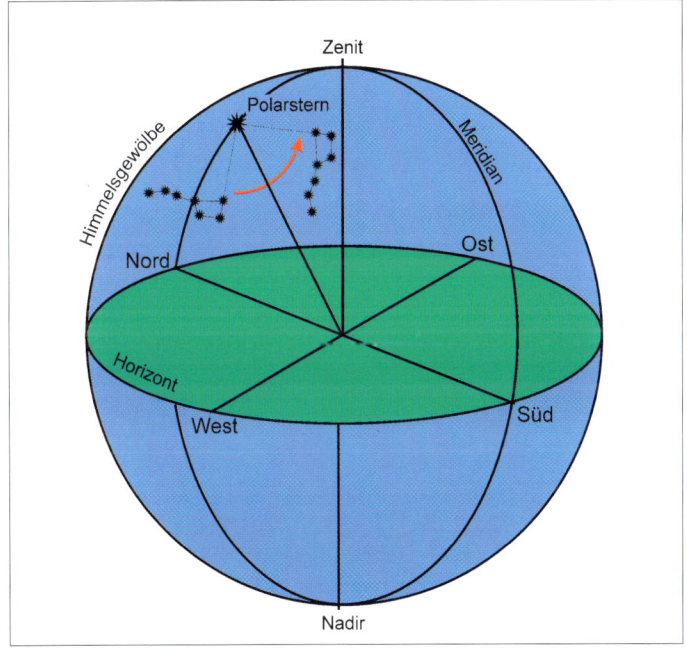

Das gesamte scheinbare Himmelsgewölbe mit Horizontebene und Himmelsrichtungen. Alles dreht sich um den Polarstern. Der Meridiankreis verbindet Nord mit Zenit und Süd.

Haben wir die ungefähre Westrichtung ermittelt, wenden wir ihr die linke Seite zu und blicken nach Norden. In dieser Himmelsgegend finden wir stets den »Großen Wagen« als Teil des Sternbildes Ursa Major (Großer Bär). Alle Sterne drehen sich um den Polarstern. Abhängig von der Jahreszeit und von der Tages- bzw. Nachtzeit steht der Wagen deshalb höher oder tiefer am Himmel (s. Abb. Seite 29). Die Verbindungslinie der beiden hinteren Wagensterne zeigt in fünffacher Verlängerung auf den Polar- oder Nordstern. Dieser Stern 2. Größenklasse steht in unmittelbarer Nähe des Himmelsnordpols und damit immer über dem Horizont. Fällen wir entlang des vom Nadir über den Südpunkt und den Zenit nach Nord verlaufenden *Himmelsmeridians* vom Polarstern das Lot auf den Horizont, haben wir die genaue *Nordrichtung.* Damit liegen die Himmelsrichtungen fest: Zur Rechten liegt der Ostpunkt, hinter uns der Südpunkt. Vom Großen Wagen ausgehend können wir die anderen Sternbilder mit etwas Übung leicht finden.

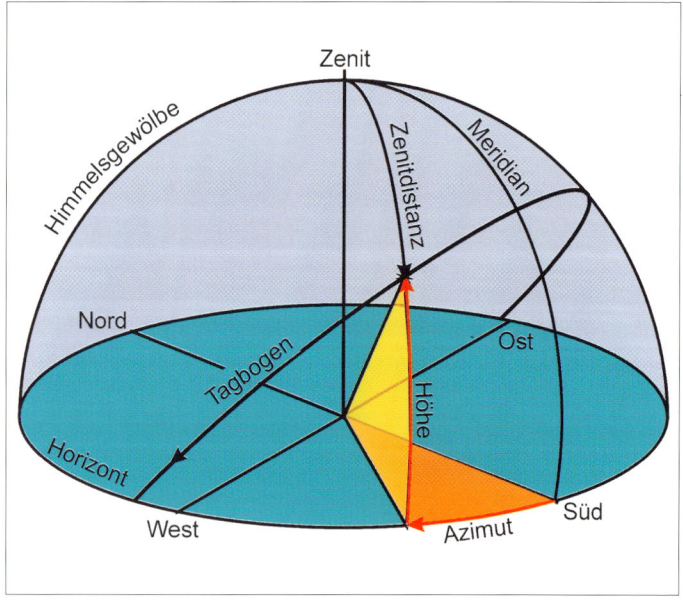

Azimut und Höhe eines Himmelsobjektes sind im Horizontsystem definiert.

Das Horizontsystem

Um den Ort eines Gestirns am Himmel beschreiben zu können, benötigen wir ein Koordinatensystem, ähnlich dem auf der Erde mit geografischer Länge und Breite.

Am Himmel gibt es mehrere, verschiedene Koordinatensysteme, die jeweils einem bestimmten Zweck angepaßt sind. Die beiden wichtigsten wollen wir hier vorstellen.

Während die Erde sich unter dem feststehenden Himmelsgewölbe von West nach Ost dreht, gehen die Gestirne in der Osthälfte des Himmels auf, während sie in der Westhälfte wieder hinter dem Horizont verschwinden. Der dabei von einem Gestirn am Himmelsgewölbe zurückgelegte Bogen ist der Tagbogen des Gestirns. Wenn das Gestirn im Süden den Meridian durchwandert, erreicht es seinen Höchststand am Himmel, die größte Höhe über dem Horizont. Gleichzeitig wechselt es von der Ost- in die Westhälfte des Himmels. Wir können zu jedem Zeitpunkt den Ort des Gestirns beschreiben durch die *Höhe* über dem Horizont und die Himmelsrichtung, den *Azimut*. Der Azimut wird entlang des Horizontes ausgehend vom Südpunkt in Richtung Westen gezählt. Azimut und Höhe sind die beiden Koordinaten unseres hier verwendeten Horizontsystems (s. Abbildung links unten).

Da das Gestirn auf- und untergeht, ändern sich beide Koordinaten ständig mit der Zeit. Zusätzlich zu Azimut und Höhe eines Gestirns müssen wir also angeben, zu welcher Zeit das Gestirn diesen Ort am Himmel einnimmt. Das Horizontsystem ist nützlich, wenn wir zu einem bestimmten Zeitpunkt den Ort eines Gestirns am Himmel angeben oder finden wollen.

Erde und Himmel

Der Himmel und alle Gestirne drehen sich scheinbar um den Himmelsnordpol. Ähnlich wie die Erde sich mit ihrem Erd-Äquator um ihre Achse dreht, gibt es auch einen Himmelsäquator, der sich um die »Himmelsachse« dreht. Diese Himmelsachse ist nichts anderes als die Verlängerung der Erdachse bis ins Unendliche, denn die Erdachse zeigt auf den *Himmelsnordpol;* ebenso wie der Äquator der Erde, ins Unendliche erweitert, zum *Himmelsäquator* wird. Während sich die Erdkugel von West nach Ost dreht, scheint sich über uns das Himmelsgewölbe mit dem Himmelsäquator von Ost nach West zu drehen (s. Abbildung folgende Seite).

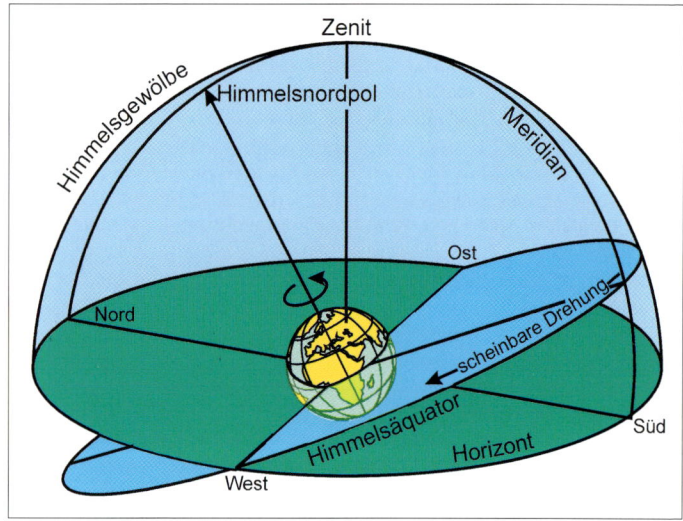

Die Erdachse wird zur Himmelsachse, der Erdäquator zum Himmelsäquator.

Die geografische Breite

Welche Rolle spielt der Standort auf der Erdoberfläche bei der Beobachtung? Vornehmlich spielt die geografische Breite des Standortes eine wichtige Rolle. In der Abbildung auf Seite 34 oben ist der Tageslauf eines Gestirns nördlich (oberhalb) des Himmelsäquators dargestellt: der Tagbogen oberhalb und der Nachtbogen unterhalb des Horizontes. Unser Standort liegt in Mitteleuropa, also ca. auf 50° nördlicher Breite. Auf dieser Breite steht der Himmelspol mit dem Polarstern ebenfalls ca. 50° über dem Nord-Horizont. Der Tagbogen verläuft relativ flach, ist sehr lang, das Gestirn steht lange Zeit über dem Horizont. Der *Nachtbogen* ist dagegen recht kurz. Wie eine langbelichtete Strichspuraufnahme der aufgehenden Sterne im Osten (Abbildung S. 34 unten) zeigt, gehen die Gestirne tatsächlich in relativ flachem Winkel auf. Entsprechendes gilt für den Untergang am westlichen Himmel.
Begeben wir uns in den Mittelmeerraum, ändern sich die Sichtbarkeitsverhältnisse drastisch, wie auf Seite 35 oben schematisch dargestellt. Da wir uns auf ca. 38° nördlicher Breite befinden, steht der Himmelspol nun nur noch 38° hoch über dem Nordhorizont. Dafür ist im Süden der Himmelsäquator steil nach oben Richtung Zenit gerückt.

Der Tagbogen eines nördlich des Himmelsäquators stehenden Gestirns verläuft nun ebenfalls recht steil und ist kürzer geworden, der Nachtbogen länger. Die zugehörige Strichspuraufnahme der aufgehenden Sterne im Osten zeigt steil nach oben strebende Sternspuren. Sterne, die sehr weit nördlich des Himmelsäquators stehen, gehen unter Umständen nicht unter. Sie haben dann einen Tagbogen von 24 Stunden Länge. Diese Sterne sind »*zirkumpolar*«. Bei hohen geografischen Breiten ist der Bereich der zirkumpolaren Sterne sehr groß, da der Polarstern sehr hoch steht. Bei niedrigen Breiten wird der Bereich sehr klein. Die Abbildung auf Seite 2 zeigt eine Strichspuraufnahme der zirkumpolaren Sterne mit dem Himmelsnordpol. Man erkennt deutlich, daß auch der Polarstern nicht exakt auf dem Himmelspol steht. Er beschreibt einen sehr engen Bogen.

Das Äquatorsystem

Um jedem Gestirn einen festen Ort zuordnen zu können, brauchen wir ein System, das der scheinbaren Drehung des Himmels folgt, anders als das Horizontsystem (s.o.). Dazu koppeln wir ein Gestirn fest an

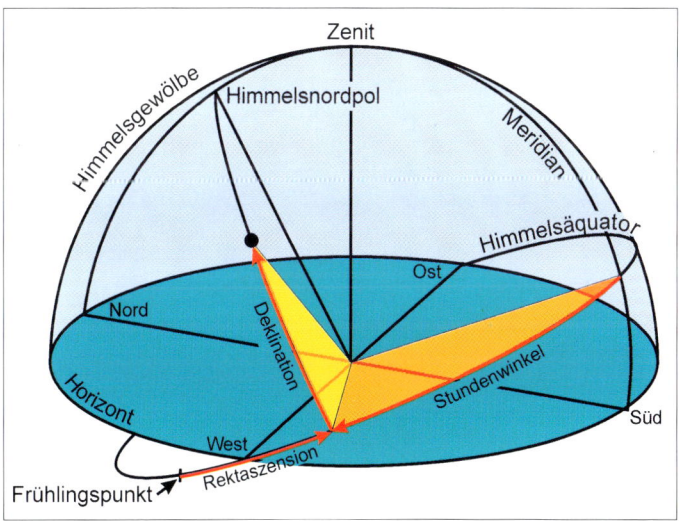

Rektaszension, Deklination und Stundenwinkel definieren das Äquatorsystem.

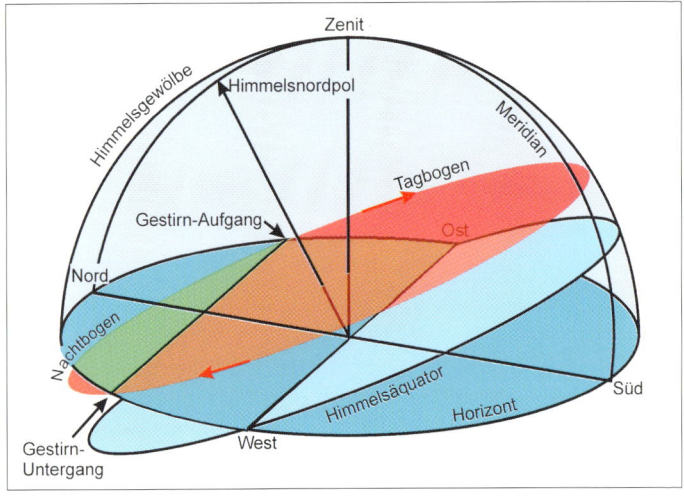

Der Tagbogen eines Gestirns für einen Beobachtungsort auf 50° nördlicher Breite.

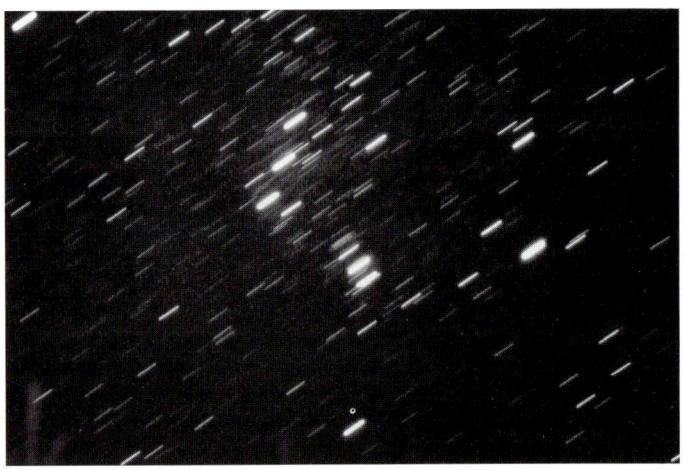

Aufgehende Stern-Strichspuren auf 50° nördlicher Breite: Sternbild Orion aufgenommen mit stehender Kamera, Blende 1,4 und 50 mm Brennweite, belichtet 5 Min. auf ISO 160 Farbdiafilm.

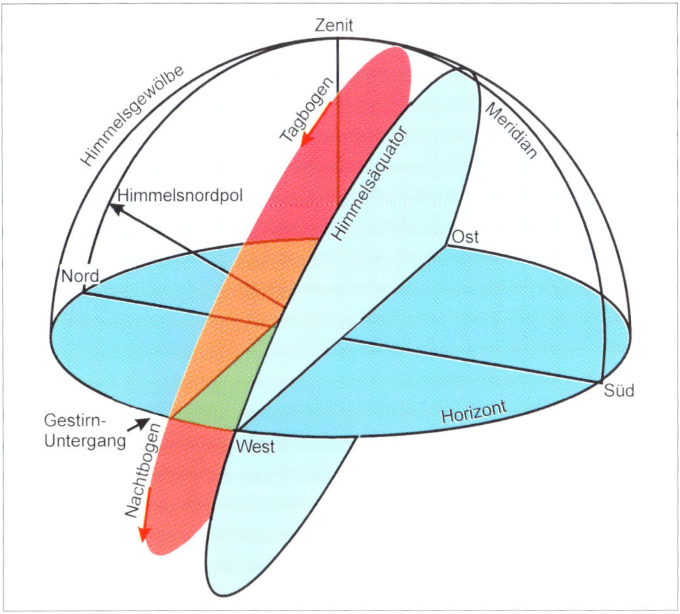

Der Tagbogen eines Gestirns für einen Beobachtungsort auf 38° nördlicher Breite.

Die Sterne gehen für einen Standort auf 38° nördlicher Breite in steilem Bogen auf. Aufnahme mit stehender Kamera, Blende 2,8 und Brennweite 28 mm, belichtet 125 Min. auf ISO 100 Farbdiafilm.

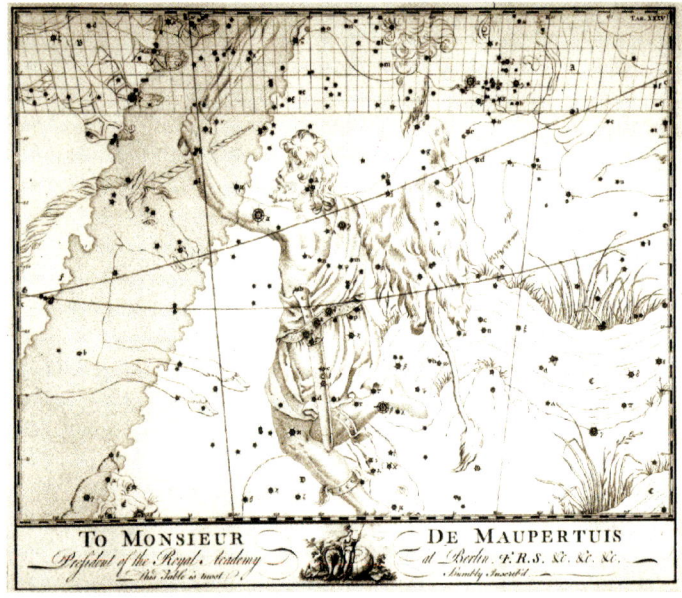

*Das Sternbild Orion in einer klassischen Darstellung:
die »Uranographia Britannica« von Bevis (1750).*

den Himmelsäquator: Die Höhe eines Gestirns über dem Himmelsäquator, gemessen in Richtung des Himmelsnordpols, bestimmt die
»*Deklination*« (δ) des Gestirns. Die andere Koordinate messen wir
entlang des Himmelsäquators von West nach Ost, die »*Rektaszension*«
(α), beginnend am *Frühlingspunkt*. Der auf dem Himmelsäquator lie-
gende Frühlingspunkt ist der Nullpunkt des Systems (s. Abb. S. 33).
Die Rektaszension des Gestirns ist also der Abstand des Fußpunktes,
von dem aus wir die Deklination des Gestirns zählen, vom Frühlingspunkt. Die Rektaszension wird in Stunden und Zeitminuten gemessen,
die Deklination in Winkelgrad und Winkelminuten. Mit Rektaszension
und Deklination ist jedes Objekt fest an den sich drehenden Himmelsäquator geknüpft, und wir können so jedes Himmelsobjekt auf einem
Himmelsatlas wiederfinden. Der vom Meridian aus gemessene Stundenwinkel gibt an, vor wieviel Stunden das Gestirn durch den Meridian gelaufen ist. Der Stundenwinkel des Frühlingspunktes ist die
Sternzeit.

Die Einteilung des Himmels

Die Fixsterne bilden schon seit vielen tausend Jahren immer dieselben Figuren am Himmel. In den verschiedenen früheren Kulturkreisen wurden die Sterne zu unterschiedlichen Sternbildfiguren verbunden. Man findet je nach Herkunft ganz andere Sternbilderbezeichnungen für dieselben Konstellationen. Unser Großer Wagen als Teil des Sternbildes Großer Bär (lat. Ursa Major) war für die alten Ägypter z.B. eine Gruppe von sieben Zugochsen.

Die Internationale Astronomische Union (IAU) hat sich im Jahr 1930 auf die heute gültigen 88 Sternbilder geeinigt. Sie verteilen sich auf die nördliche und südliche Himmelssphäre. Das Sternbild Orion liegt wie auch andere Sternbilder genau auf dem Himmelsäquator und ist somit auf beiden Hemisphären zu finden.

Die schönen künstlerischen Sternbildfiguren, wie wir sie z.B. in alten Himmelsatlanten oder in der Abbildung auf der gegenüberliegenden Seite finden, wurden ersetzt durch mit dem Lineal auf dem Sternatlas gezogene Grenzlinien.

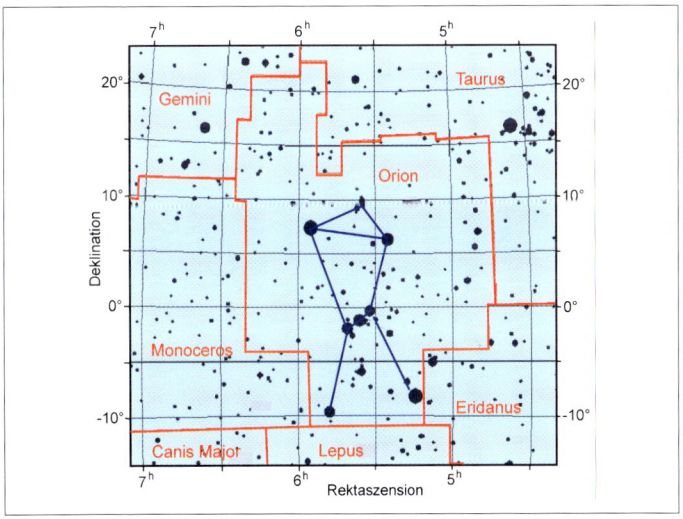

Das Sternbild Orion wie es in einem modernen Himmelsatlas abgebildet ist: mit Grenzlinien, Rektaszensions- und Deklinationsskalen.

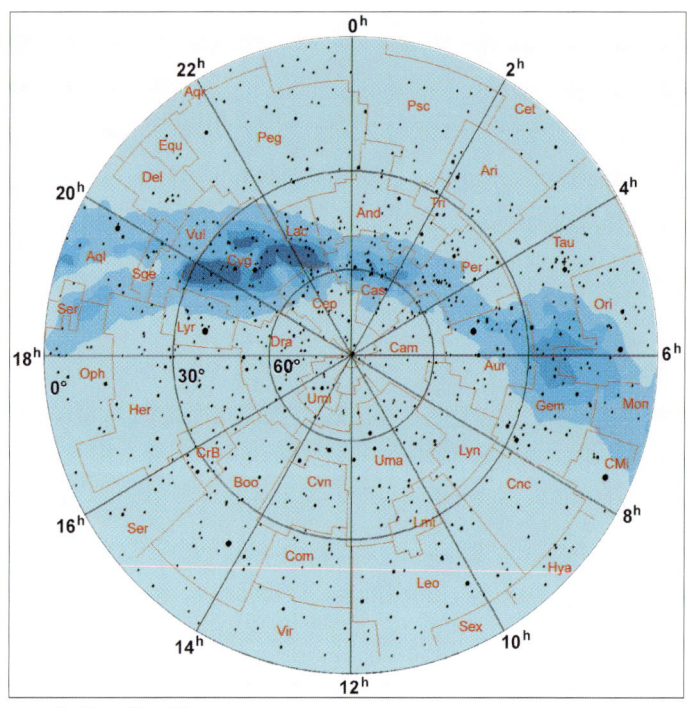

Der nördliche Sternhimmel

Der sichtbare Himmelsbereich

In der Abbildung auf Seite 40 ist erkennbar, wie sich am Himmelsäquator der nördliche und der südliche Sternhimmel am scheinbaren
Himmelsgewölbe begegnen. Die Rektaszension wird vom Frühlingspunkt (α = 0^{h}00^m) ausgehend von West nach Ost gezählt.
Alle oberhalb (nördlich) des Himmelsäquators liegenden Sterne befinden sich in der nördlichen Hemisphäre, die in der Abbildung oben dargestellt ist. In dieser Darstellung finden wir die hellsten Sterne bis zu
einer Helligkeit von 5 mag. Alle diese Sterne sind mit bloßem Auge
erkennbar, ebenso das aus schwachen Sternen bestehende Band der
Milchstraße. In der Abbildung finden wir die gültigen Sternbildergren-

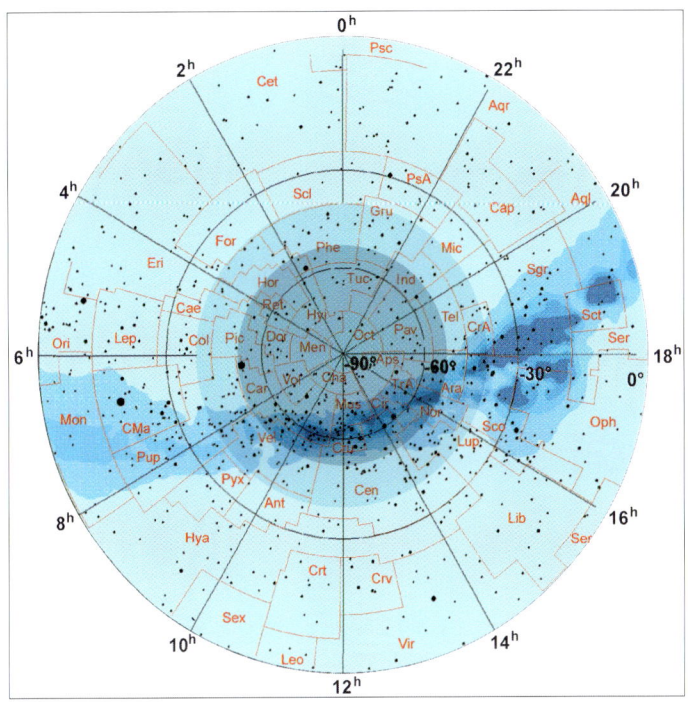

Südlicher Sternhimmel. Grau schattierte Bereiche sind auf 50° bzw. 38° nördlicher Breite nicht sichtbar.

zen als rote Linien, mit den Abkürzungen für die lateinischen Sternbildnamen. Schwarze Linien und Zahlen geben die Rektaszensionen (in Stunden) und Deklinationen (in Grad) auf der Karte an. Bei 0° liegt der Himmelsäquator, bei 90° der nördliche Himmelspol, bei -90° der südliche Himmelspol. Das kleine Sternbild »Nördliche Krone« (Corona Borealis = CrB) finden wir z.B. bei Rektaszension $\alpha = 15^h45^m$ und Deklination $\delta = 32°$. Solange wir uns auf der nördlichen Halbkugel der Erde bewegen, sind alle Sterne der nördlichen Himmelshalbkugel sichtbar. Natürlich immer nur die Sterne, die sich gerade über dem Horizont befinden. In der Abbildung auf S. 40 ist erkennbar, daß der größte Teil des Nordhimmels sichtbar ist, während ein kleiner Teil des Nordhimmels unter dem Nordhorizont steht und somit nicht sichtbar ist.

39

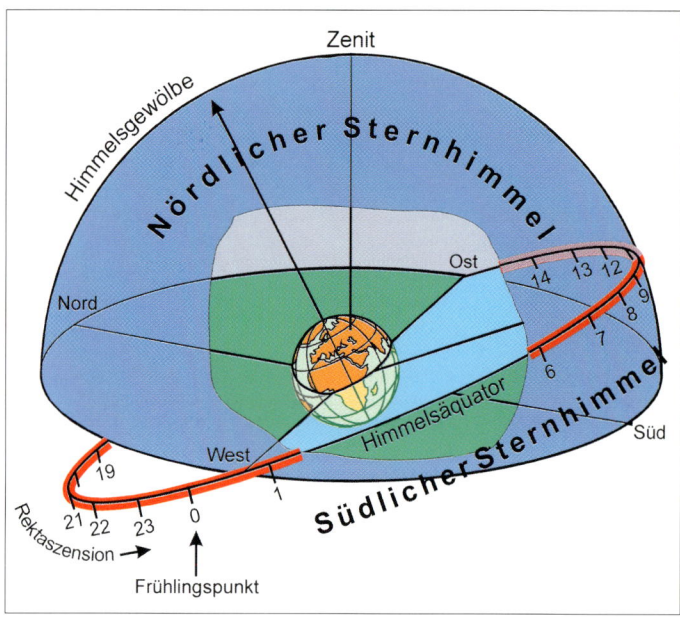

Nur immer die Hälfte der Himmelskugel tritt über den Horizont, nördlich des Himmelsäquators der sichtbare Teil des Nordhimmels, südlich des Himmels- äquators der sichtbare Teil des Südhimmels.

Dasselbe gilt für die südliche Himmelshalbkugel (s. Abbildung Seite 39), solange wir uns auf der südlichen Halbkugel der Erde befinden. Der Grenzfall ist ein Standort genau auf dem Erdäquator, z.B. in Kenia oder in Ecuador. Hier sind alle Objekte beider Hemisphären beobacht- bar.

Der Jahreslauf der Sonne

Im Laufe eines Jahres umläuft die Erde einmal die Sonne. Könnten wir die Sterne auch am Taghimmel mit bloßem Auge sehen, würden wir die Sonne zu einem bestimmten Zeitpunkt vor einem bestimmten Sternhimmelhintergrund, also einem bestimmten Sternbild sehen. Die nicht maßstabsgerechte Abbildung unten zeigt in Erdstellung (A) die Sonne vor dem Hintergrund des Sternbildes Aquarius (Wassermann). Einige Monate später hat sich die Erde auf ihrer Bahn um die Sonne ein Stück weiterbewegt in Stellung (B). Die Sonne steht nun vor dem Hintergrund des Sternbildes Taurus (Stier). Die im Laufe von Monaten erfolgte Bewegung der Sonne zwischen den Sternen ist also eine scheinbare Bewegung. Sie spiegelt nur den Umlauf der Erde um die Sonne wider. Die Sonne durchläuft so im Laufe eines Jahres dreizehn Sternbilder: Am Frühlingsanfang steht die Sonne im Sternbild Pisces (Fische). Es folgen die Sternbilder Aries (Widder), Taurus (Stier), Gemini (Zwillinge), Cancer (Krebs), Leo (Löwe), Virgo (Jungfrau), Libra (Waage), Scorpius (Skorpion), Ophiuchus (Schlangenträger), Sagittarius (Schütze), Capricornus (Steinbock) und Aquarius (Wassermann). Die Abbildung unten zeigt außerdem, daß die Erdachse nicht senkrecht auf der Umlaufbahn der Erde steht. Sie ist von der Senkrechten um einen Winkel von 23 Grad geneigt. Daß darin die Ursache für die Jahreszeiten auf der Erdoberfläche besteht, soll hier nur erwähnt werden.

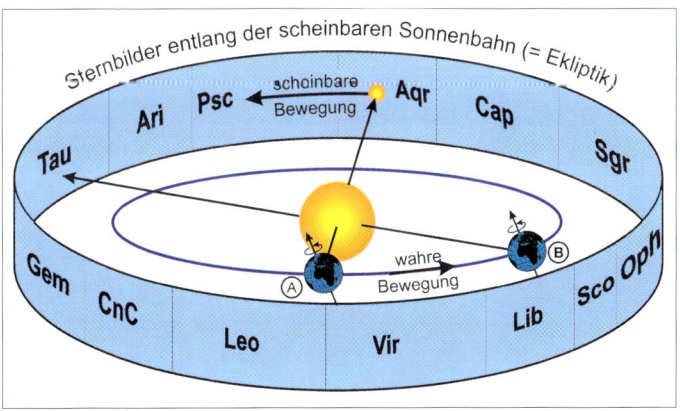

Die jährliche Bewegung der Sonne vor dem Sternbilderhintergund ist eine scheinbare.

Die scheinbare Bahn der Sonne zwischen den Sternen wird »Ekliptik« genannt. Sie ist das Spiegelbild der Erdbahnebene am Himmel. Da die Erdachse nicht senkrecht auf der Bahnebene steht, liegt auch der Erdäquator nicht in der Bahnebene. Er ist ebenfalls um einen Winkel von 23 Grad gegen die Bahnebene (= Ekliptik) geneigt. Entsprechend gibt es am Himmel einen Neigungsunterschied zwischen Himmelsäquator und Ekliptik von 23 Grad (s. Abbildung unten).

Der Schnittpunkt zwischen Himmelsäquator und Ekliptik ist der Frühlingspunkt. Hier durchschreitet die Sonne auf ihrer scheinbaren jährlichen Bahn zwischen den Sternen den Himmelsäquator von Süd nach Nord. Hier steht die Sonne genau am Frühlingsanfang.

Da der Himmelsäquator immer genau durch den Ostpunkt und den Westpunkt am Horizont läuft, geht die Sonne am Frühlingsanfang genau im Osten auf und genau im Westen unter. Tag und Nacht sind mit 12 Stunden exakt gleich lang (Frühlings-Tag- und Nachtgleiche). Zu Frühlingsanfang steht die Sonne im Sternbild Pisces (Fische), mit den Koordinaten a = 0^h00^m und $\delta = 0°$. Der Frühlingspunkt ist so der Nullpunkt des Äquatorsystems.

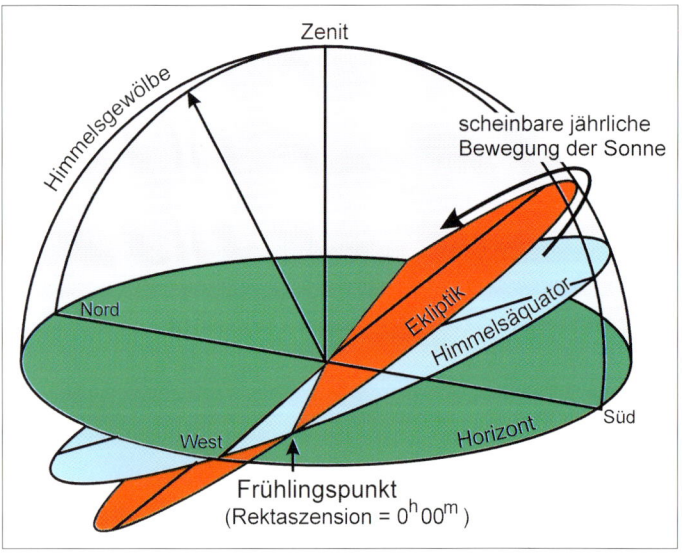

Der Frühlingspunkt definiert sich aus dem einen Schnittpunkt zwischen Ekliptik (scheinbare Sonnenbahn zwischen den Sternen) und Himmelsäquator.

Hat die Sonne drei Monate später am Sommeranfang (Sommersonnenwende) ihren höchsten Stand nördlich des Himmelsäquators erreicht, steht sie 23 Grad hoch über dem Himmelsäquator an der Grenze zwischen den Sternbildern Taurus (Stier) und Gemini (Zwillinge), mit den Koordinaten α = 6^{h}00^m und δ = +23,5°. Die Sonne beschreibt im Sommer einen großen Tagbogen und geht weit im Nordosten auf und weit im Nordwesten unter.

Am Herbstpunkt im Sternbild Virgo (Jungfrau) steht die Sonne wiederum drei Monate später, wenn sie wieder auf dem Himmelsäquator steht und sich von der nördlichen Hemisphäre auf die südliche begibt. Ihre Koordinaten sind dann α = 12^{h}00^m und δ = 0°. Die Sonne geht an diesem Tag wieder genau im Osten auf und im Westen unter (Herbst-Tag- und Nachtgleiche).

Zum Zeitpunkt der Wintersonnenwende erreicht die Sonne ihren jährlichen Tiefststand am Himmel, 23 Grad südlich des Himmelsäquators, im Sternbild Sagittarius (Schütze), mit den Koordinaten α = 18^{h}00^m und δ = -23,5°. Im Gegensatz zum Sommer beschreibt die Sonne im Winter nur einen kurzen Tagbogen. Sie geht im Südosten auf und nach kurzer Zeit bereits wieder im Südwesten unter.

Wir könnten dies alles ganz einfach beobachten, wenn die Sternbilder am Tag nicht von der Sonne überstrahlt würden. Leider sind sie aber i. a. am Taghimmel nicht sichtbar. Wir erkennen die scheinbare Wanderung der Sonne zwischen den Sternbildern jedoch daran:

1. Wenn wir uns z. B. jeden Monat um eine stets gleiche Nachtzeit den Sternhimmel im Süden anschauen, können wir verfolgen, wie sich das zunächst im Süden stehende Sternbild im Laufe der Wochen nach Südwesten und Westen hin verschiebt, während jeden Monat ein neues Sternbild um Mitternacht im Süden steht. Die Abbildung auf der nächsten Seite zeigt den Südhimmel am 15. Juni (oben) und am 15. Juli, jeweils um Mitternacht, beobachtet von der mittleren Region Deutschlands aus.

Der eingezeichnete Pfeil gibt die Richtung der täglichen scheinbaren Himmelsdrehung an. Das Sternbild Scorpius (Skorpion) ist im Laufe eines Monats beträchtlich aus der Südrichtung nach Südwesten gewandert, während das Sternbild Sagittarius (Schütze) den Höchststand im Süden erreicht hat: das Spiegelbild der Bewegung der Sonne aus dem Sternbild Taurus (Stier) in das Sternbild Gemini (Zwillinge) auf der entgegengesetzten Seite der Himmelssphäre.

2. Wenn wir uns über mehrere Wochen hinweg immer 60 Minuten nach Sonnenuntergang den Sternhimmel im Westen anschauen, können wir verfolgen, wie das zunächst am Westhorizont stehende Stern-

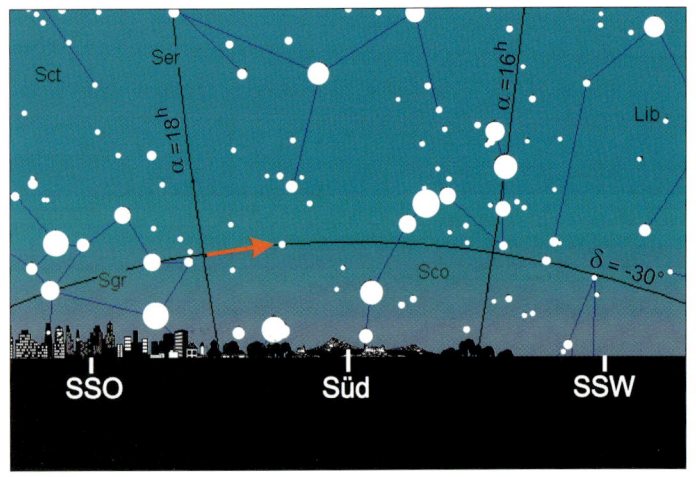

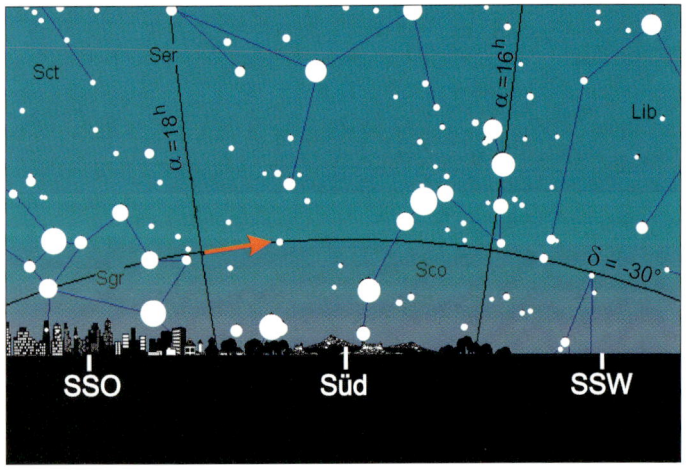

Die Verschiebung der Sternbilder im Süden zwischen dem 15.6. und 15.7. eines Jahres, beobachtet jeweils um Mitternacht.

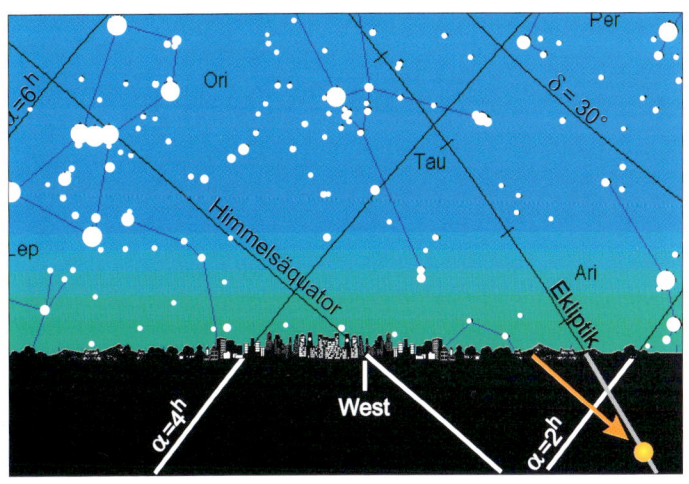

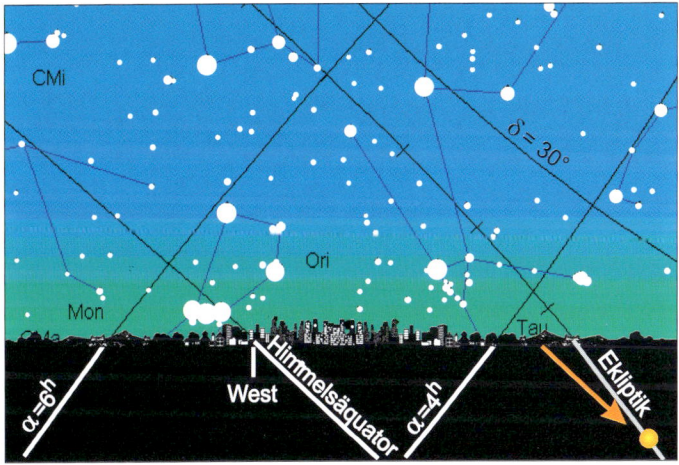

Die Verschiebung der Sternbilder im Westen zwischen dem 15.4. und 5.5. eines Jahres, jeweils eine Stunde nach Sonnenuntergang.

bild im Laufe der Wochen hinter dem Horizont verschwindet, während sich die Sternbilder vom Südwesten her langsam zum Westhorizont hin neigen.

Die Abbildungen zeigen den Westhimmel in der Abenddämmerung am 15. April (oben) und am 5. Mai, jeweils eine Stunde nach Sonnenuntergang, beobachtet von der mittleren Region Deutschlands aus. Der eingezeichnete Pfeil gibt die Richtung der täglichen scheinbaren Himmelsdrehung an, hier also die Untergangsrichtung der bereits unter dem Horizont stehenden Sonne. Das Sternbild Taurus (Stier) hat sich im Laufe von nur drei Wochen beträchtlich zum Horizont hin gesenkt, während am Horizont das Sternbild Orion bereits untergeht: das Spiegelbild der Bewegung der Sonne aus dem Sternbild Aries (Widder) in das Sternbild Taurus.

Zu verschiedenen Jahreszeiten sind also jeweils andere Sternbilder sichtbar. Wir sprechen daher von Frühlings-, Sommer-, Herbst- und Winterhimmel.

Die Präzession

Aufgrund der »*Präzession*«, einer langsamen Kreiselbewegung der Erdachse (die Erdachse beschreibt im Laufe von 26 000 Jahren einen Kegelmantel) verschieben sich Himmelsäquator und Ekliptik langsam gegeneinander. Demzufolge wandert der Frühlingspunkt im Laufe von 26 000 Jahren einmal um die ganze Ekliptik herum. Vor einigen tausend Jahren stand der Frühlingspunkt im Sternbild Aries (Widder). Er wird deshalb auch heute häufig noch »Widderpunkt« genannt, obwohl er längst im Sternbild Fische steht. In einigen hundert Jahren wird der Frühlingspunkt im Sternbild Aquarius (Wassermann) stehen. Durch diese Verschiebung ändern sich langsam die Koordinaten Rektaszension und Deklination aller »festen« Himmelsobjekte. Für genaue Messungen am Himmel muß deshalb die Präzessionsbewegung der Erdachse berücksichtigt werden. Der Amateurbeobachter bemerkt den Effekt besonders dadurch, daß sich alle 50 Jahre die Himmelsatlanten auf ein neues Jahr *(Äquinoktium)* beziehen, jetzt z.B. auf das Äquinoktium 2000.0, also den Jahresanfang des Jahres 2000. D. h. wenn wir in einen aktuellen Himmelsatlas schauen, gelten die Koordinaten Rektaszension und Deklination exakt für den Zeitpunkt 2000.0.

Die jahreszeitlichen Übersichten

Da sich die Sonne im Laufe eines Jahres zwischen den Sternbildern bewegt (s. Abb.Seite 41), stehen z. B. um Mitternacht im Frühling andere Sternbilder im Süden als im Winter oder im Sommer. Andererseits dreht sich die Erde im Laufe einer Nacht unter dem Sternhimmel hinweg, so daß sich die Sternbilder, die z.B. um Mitternacht im Süden standen, gegen Morgen hin nach Westen verschieben. Dafür rücken dann nachfolgende Sternbilder in den Südhimmel (s. Abb. Seite 44). Die Abbildungen in diesem Teil des Buches zeigen den ganzen sichtbaren Sternhimmel für jede Jahreszeit in den vier Himmelsrichtungen, jeweils um eine bestimmte Uhrzeit. Aufgrund der oben beschriebenen jährlichen Bewegung der Sonne zwischen den Sternbildern und der täglichen Drehung des Himmels ist der Himmelsanblick nach 15 Tagen wieder derselbe, aber eine Stunde früher. Z. B. sehen wir am 5. April um 23 Uhr die Himmelsobjekte an derselben Stelle des Himmels wie am 20. März um Mitternacht, am 5. März um 1 Uhr oder am 20. April um 22 Uhr.

Wechseln wir den Beobachtungsort und begeben wir uns z. B. von Irland nach Polen, so wechseln wir von einer der 15 Längengrade breiten Zeitzone in die östlich benachbarte Zone und müssen unsere Uhr um eine Stunde vorstellen. Da wir jedoch gleichzeitig ein Stück um die Erde herum reisen, ändert sich am Himmelsanblick zur bestimmten Uhrzeit nichts.

Leichte Unterschiede im Himmelsanblick gibt es jedoch zwischen verschiedenen Standorten östlich oder westlich innerhalb einer Zeitzone. Unsere Uhr läuft nämlich nur für einen bestimmten Längengrad innerhalb einer Zeitzone exakt nach den Himmelsobjekten: in der Mitteleuropäischen Zone für den 15. Längengrad Ost, in der osteuropäischen Zone für den 30. Längengrad Ost. Befindet sich unser Beobachtungsort aber irgendwo dazwischen, z. B. auf 9 Grad östlicher Länge, dann zeigt unsere Uhr zwar die Zeit für den 15. Längengrad, der Sternhimmel über uns ist aber der für den 9. Längengrad. Unsere Uhr eilt also entsprechend dieses Längenunterschiedes vor, die im Beispiel sechs Längengrade entsprechen 24 Minuten. Anders ausgedrückt: der Sternhimmel »verspätet« sich an diesem Standort um 24 Minuten gegenüber unserer Uhr.

Die Himmelsanblicke in den Abbildungen auf den Seiten 50 bis 65 sind dargestellt für einen Standort auf 10° östlicher Länge und 50° nördlicher Breite. Angegeben sind die Uhrzeiten, zu denen dieser Anblick herrscht. Das entspricht einem Standort etwa in der Mitte Deutschlands (Breite 50°). Östlich von uns haben wir aufgrund eines Wechsels der Zeitzone denselben Himmelsanblick zur selben Uhrzeit auch in der Ukraine (Länge 25° Ost, Breite 50°). Westlich von uns erfahren wir denselben Himmelsanblick zur selben Uhrzeit in Wales an der Westküste Großbritanniens (Länge 5° West, Breite 50°). Dargestellt sind jeweils der Ost-, Süd-, West- und Nordhimmel in den vier Jahreszeiten. Die Himmelsanblicke in den darauffolgenden Abbildungen (Seiten 66 bis 81) entsprechen den vorhergehenden Abbildungen, gelten aber für einen Standort auf 10° östlicher Länge und 38° geografischer Breite und die jeweils angegebenen Uhrzeiten. Das entspricht einem Standort etwa im Mittelmeer südlich von Sardinien (Breite 38°) bzw. auf der ägäischen Insel Andros (Länge 25° Ost, Breite 38°). Westlich von uns erfahren wir denselben Himmelsanblick zur selben Uhrzeit nahe der spanischen Stadt Cordoba (Länge 5° West, Breite 38°). Östlich von diesen Orten, aber noch innerhalb derselben Zeitzone ist der Sternhimmel schon »weiter« als in den Abbildungen, westlich von diesen Orten ist er noch nicht so weit wie in den Abbildungen dargestellt.

Wir gebrauchen diese Karten, um die mit roten Linien verbundenen Sternbildfiguren am Himmel aufzufinden und zu identifizieren. Nachdem wir die Himmelsrichtungen von unserem Standort aus festgestellt haben, z. B. anhand des Sonnenuntergangs, wenden wir uns z. B. am 5. April um 23 Uhr nach Süden und vergleichen die in der nachfolgenden Abbildung dargestellte Himmelssituation mit der Realität.

Die Tabelle der Sternbilder mit den Namenskürzeln ist auf Seite 184 zu finden.

Aufnahme des Sternbildes Orion mit Objektivbrennweite 28 mm und Blende 4, belichtet 30 Min. auf ISO-100-Farbdiafilm. Deutlich erkennbar sind die unterschiedlichen Farben der Sterne.

Der Herbsthimmel in Mitteleuropa

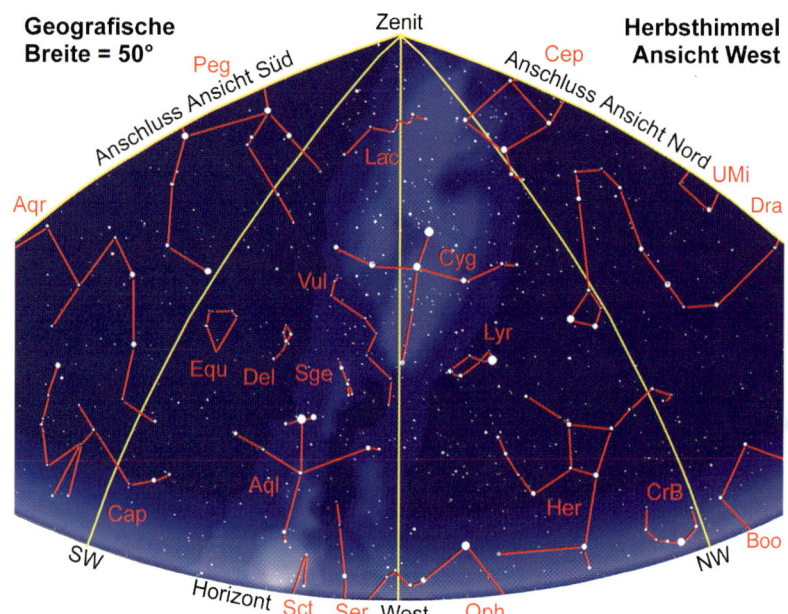

Geografische Breite = 50°

Zenit

Herbsthimmel Ansicht West

Peg · Anschluss Ansicht Süd · Lac · Cep · Anschluss Ansicht Nord · UMi · Dra

Aqr · Cyg · Vul · Lyr · Equ · Del · Sge · Aql · Her · CrB · Boo · Cap · SW · Horizont · Sct · Ser · West · Oph · NW

Bereich von SW bis NW und von Höhe 0° bis 90°

Der Himmelsanblick nach Westen vom Horizont bis zum Zenit zu folgenden Zeiten:

7. 8.	3 Uhr
22. 8.	2 Uhr
7. 9.	1 Uhr
22. 9.	Mitternacht
7. 10.	23 Uhr
22. 10.	22 Uhr
7. 11.	21 Uhr
22. 11.	20 Uhr
7. 12.	19 Uhr
22. 12.	18 Uhr

Im Zeitraum der »Sommerzeit« zu den angegebenen Zeiten 1 Stunde addieren.

Der Frühlingshimmel in Mitteleuropa

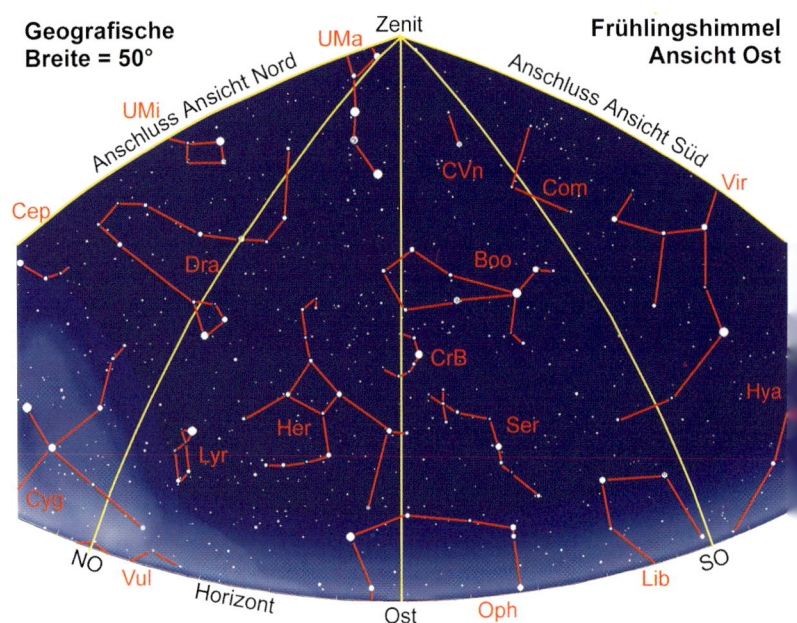

Geografische Breite = 50°

Frühlingshimmel Ansicht Ost

Bereich von NO bis SO und von Höhe 0° bis 90°

Der Himmelsanblick nach Osten vom Horizont bis zum Zenit zu folgenden Zeiten:

5. 1.	5 Uhr
20. 1.	4 Uhr
5. 2.	3 Uhr
20. 2.	2 Uhr
5. 3.	1 Uhr
20. 3.	Mitternacht
5. 4.	23 Uhr
20. 4.	22 Uhr
5. 5.	21 Uhr

Im Zeitraum der »Sommerzeit« zu den angegebenen Zeiten 1 Stunde addieren.

Der Frühlingshimmel in Mitteleuropa

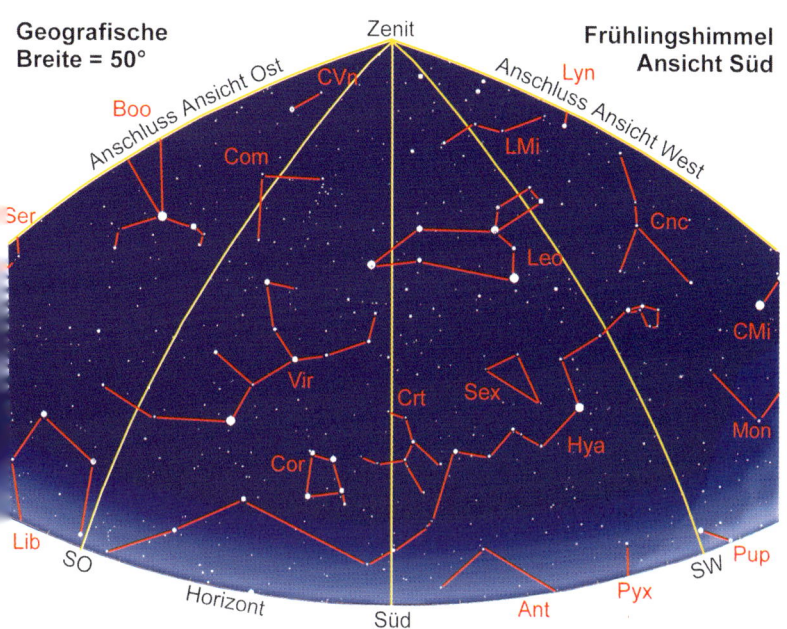

Geografische Breite = 50°

Frühlingshimmel Ansicht Süd

Anschluss Ansicht Ost
Anschluss Ansicht West

Zenit

CVn · Boo · Com · Ser · Lyn · LMi · Cnc · Leo · CMi · Vir · Crt · Sex · Hya · Mon · Cor · Lib · SO · Pyx · SW · Pup · Ant · Horizont · Süd

Bereich von SO bis SW und von Höhe 0° bis 90°

Der Himmelsanblick nach Süden vom Horizont bis zum Zenit zu folgenden Zeiten:

5. 1.	5 Uhr
20. 1.	4 Uhr
5. 2.	3 Uhr
20. 2.	2 Uhr
5. 3.	1 Uhr
20. 3.	Mitternacht
5. 4.	23 Uhr
20. 4.	22 Uhr
5. 5.	21 Uhr

Im Zeitraum der »Sommerzeit« zu den angegebenen Zeiten 1 Stunde addieren.

Der Frühlingshimmel in Mitteleuropa

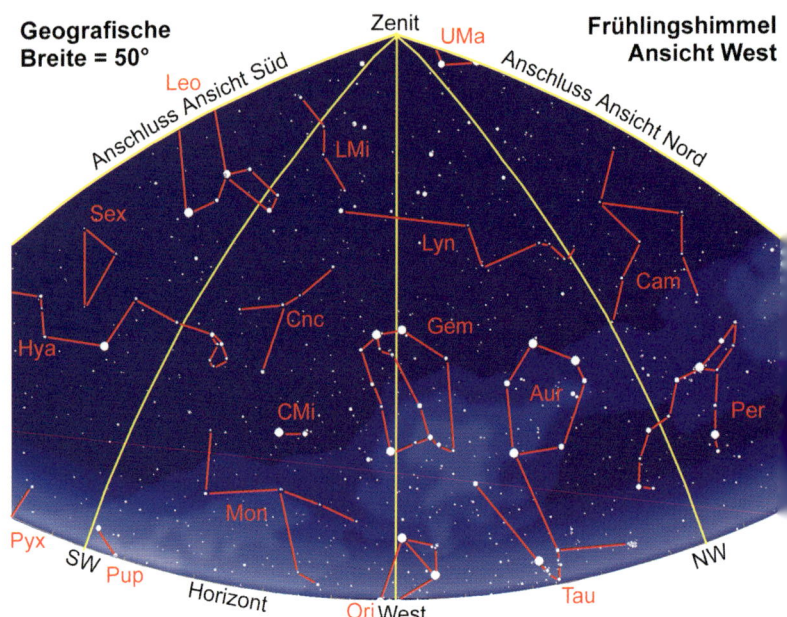

Geografische Breite = 50°

Zenit

Frühlingshimmel Ansicht West

Anschluss Ansicht Süd

Anschluss Ansicht Nord

UMa · Leo · LMi · Sex · Lyn · Cam · Cnc · Gem · Hya · CMi · Aur · Per · Mon · Pyx · Pup · Ori · Tau

SW · Horizont · West · NW

Bereich von SW bis NW und von Höhe 0° bis 90°

Der Himmelsanblick nach Westen vom Horizont bis zum Zenit zu folgenden Zeiten:

Im Zeitraum der »Sommerzeit« zu den angegebenen Zeiten 1 Stunde addieren.

5. 1.	5 Uhr
20. 1.	4 Uhr
5. 2.	3 Uhr
20. 2.	2 Uhr
5. 3.	1 Uhr
20. 3.	Mitternacht
5. 4.	23 Uhr
20. 4.	22 Uhr
5. 5.	21 Uhr

Der Frühlingshimmel in Mitteleuropa

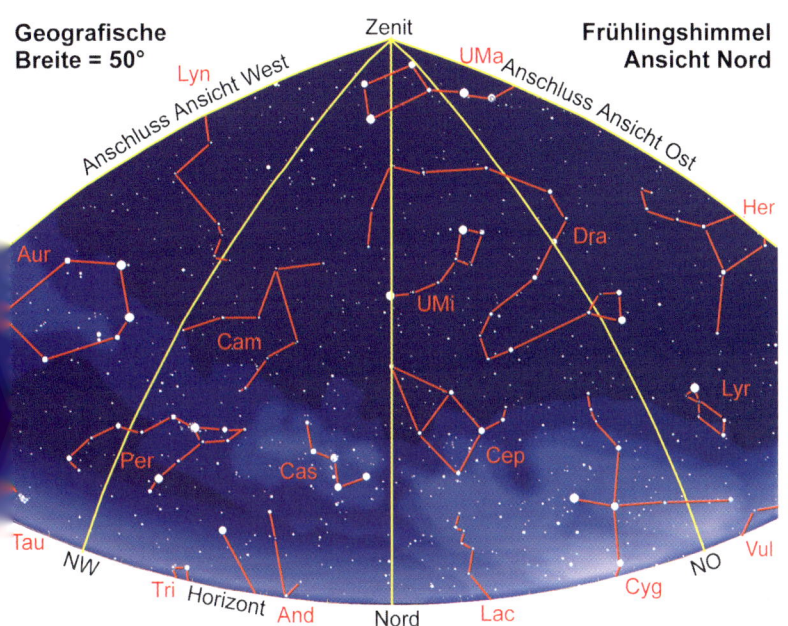

Geografische Breite = 50°

Zenit

Frühlingshimmel Ansicht Nord

Anschluss Ansicht West

Anschluss Ansicht Ost

Lyn
UMa
Her
Aur
Dra
UMi
Cam
Lyr
Per
Cep
Cas
Tau
NW
Tri
Horizont
And
Nord
Lac
Cyg
NO
Vul

Bereich von NW bis NO und von Höhe 0° bis 90°

Der Himmelsanblick nach Norden vom Horizont bis zum Zenit zu folgenden Zeiten:

5. 1.	5 Uhr
20. 1.	4 Uhr
5. 2.	3 Uhr
20. 2.	2 Uhr
5. 3.	1 Uhr
20. 3.	Mitternacht
5. 4.	23 Uhr
20. 4.	22 Uhr
5. 5.	21 Uhr

Im Zeitraum der »Sommerzeit« zu den angegebenen Zeiten 1 Stunde addieren.

Der Sommerhimmel in Mitteleuropa

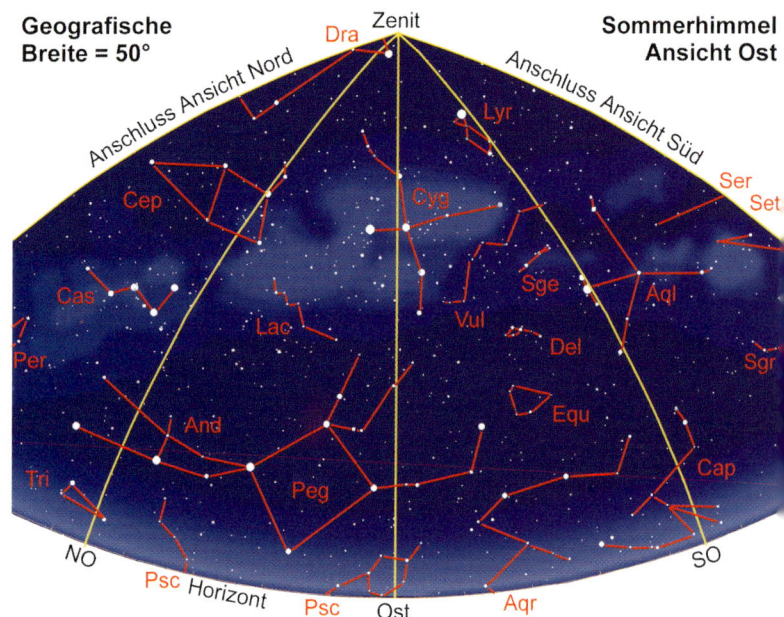

Bereich von NO bis SO und von Höhe 0° bis 90°

Der Himmelsanblick nach Osten vom Horizont bis zum Zenit zu folgenden Zeiten:

6. 4.	5 Uhr
21. 4.	4 Uhr
5. 5.	3 Uhr
21. 5.	2 Uhr
6. 6.	1 Uhr
21. 6.	Mitternacht
6. 7.	23 Uhr
21. 7.	22 Uhr
6. 8.	21 Uhr

Im Zeitraum der »Sommerzeit« zu den angegebenen Zeiten 1 Stunde addieren.

54

Der Sommerhimmel in Mitteleuropa

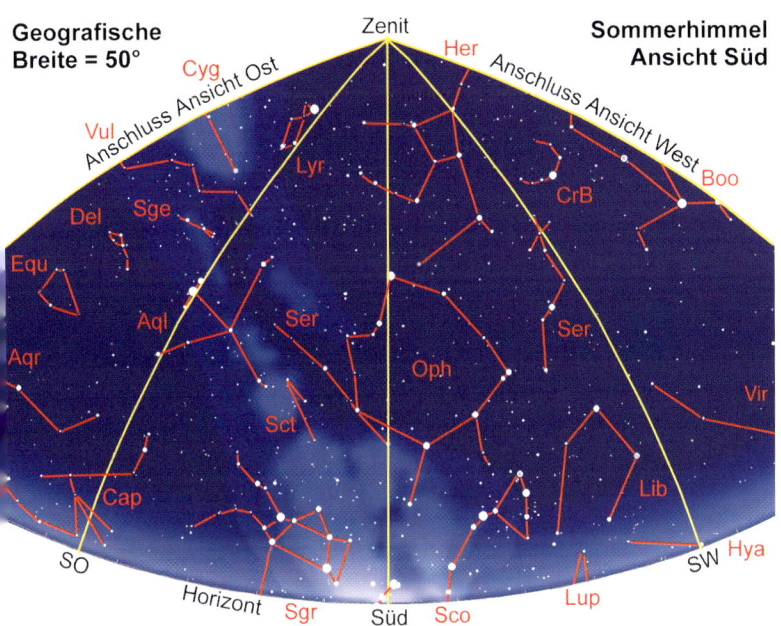

Bereich von SO bis SW und von Höhe 0° bis 90°

Der Himmelsanblick nach Süden vom Horizont bis zum Zenit zu folgenden Zeiten:

6. 4.	5 Uhr
21. 4.	4 Uhr
5. 5.	3 Uhr
21. 5.	2 Uhr
6. 6.	1 Uhr
21. 6.	Mitternacht
6. 7.	23 Uhr
21. 7.	22 Uhr
6. 8.	21 Uhr

Im Zeitraum der »Sommerzeit« zu den angegebenen Zeiten 1 Stunde addieren.

Der Sommerhimmel in Mitteleuropa

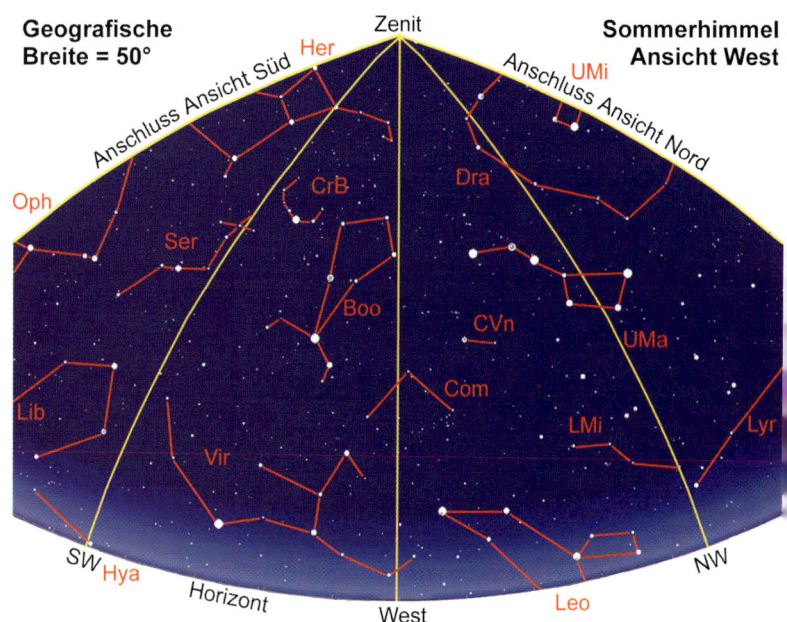

Geografische Breite = 50°

Sommerhimmel Ansicht West

Zenit

Anschluss Ansicht Süd

Anschluss Ansicht Nord

Her · UMi · Oph · CrB · Dra · Ser · Boo · CVn · UMa · Com · Lib · LMi · Lyr · Vir · SW · Hya · Horizont · West · Leo · NW

Bereich von SW bis NW und von Höhe 0° bis 90°

Der Himmelsanblick nach Westen vom Horizont bis zum Zenit zu folgenden Zeiten:

6. 4.	5 Uhr
21. 4.	4 Uhr
5. 5.	3 Uhr
21. 5.	2 Uhr
6. 6.	1 Uhr
21. 6.	Mitternacht
6. 7.	23 Uhr
21. 7.	22 Uhr
6. 8.	21 Uhr

Im Zeitraum der »Sommerzeit« zu den angegebenen Zeiten 1 Stunde addieren.

Der Sommerhimmel in Mitteleuropa

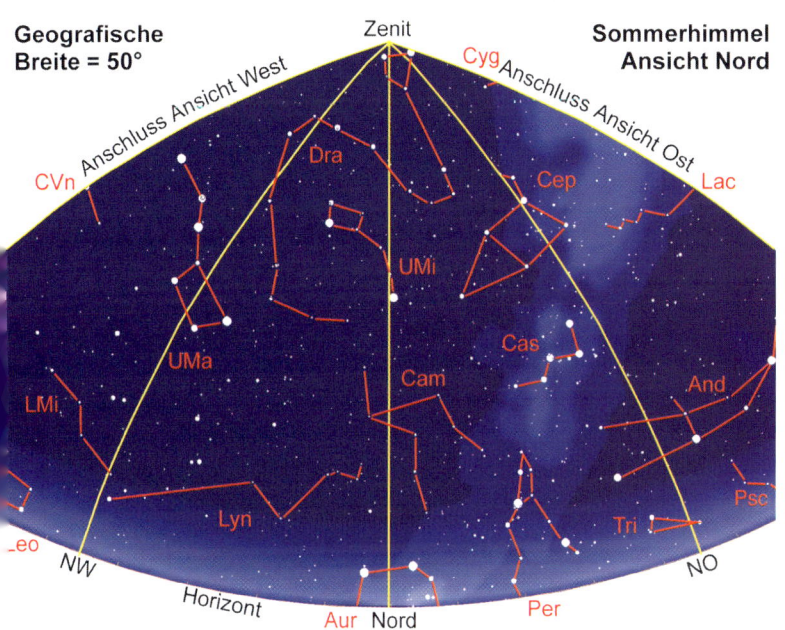

Geografische Breite = 50°

Sommerhimmel Ansicht Nord

Zenit

Anschluss Ansicht West

Anschluss Ansicht Ost

Cyg

Dra

Cep

Lac

CVn

UMi

Cas

And

UMa

Cam

LMi

Tri

Psc

Lyn

Leo

NW

NO

Horizont

Aur Nord

Per

Bereich von NW bis NO und von Höhe 0° bis 90°

Der Himmelsanblick nach Norden vom Horizont bis zum Zenit zu folgenden Zeiten:

6. 4.	5 Uhr
21. 4.	4 Uhr
5. 5.	3 Uhr
21. 5.	2 Uhr
6. 6.	1 Uhr
21. 6.	Mitternacht
6. 7.	23 Uhr
21. 7.	22 Uhr
6. 8.	21 Uhr

Im Zeitraum der »Sommerzeit« zu den angegebenen Zeiten 1 Stunde addieren.

Der Herbsthimmel in Mitteleuropa

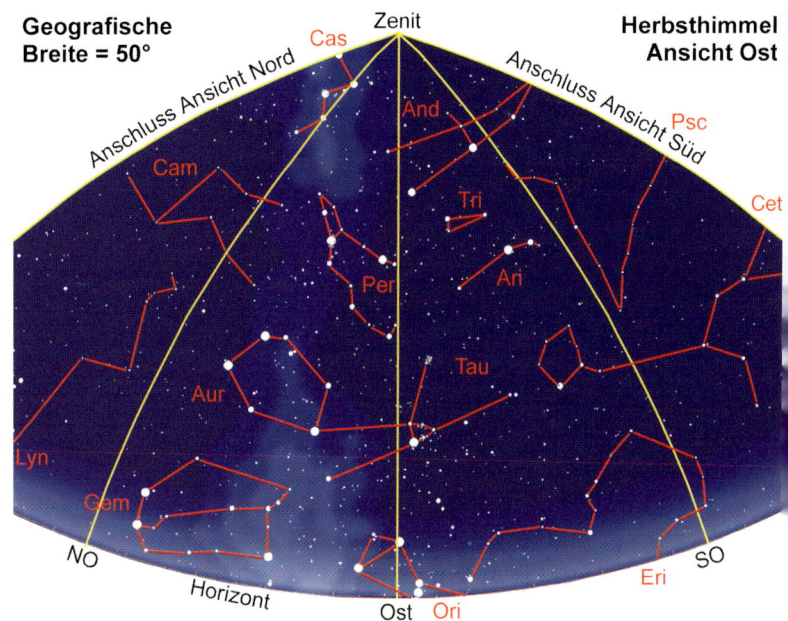

Geografische Breite = 50°

Herbsthimmel Ansicht Ost

Anschluss Ansicht Nord
Anschluss Ansicht Süd

Zenit

Cas · And · Tri · Psc · Cet · Cam · Per · Ari · Tau · Aur · Lyn · Gem · Ori · Eri

NO · Horizont · Ost · SO

Bereich von NO bis SO und von Höhe 0° bis 90°

Der Himmelsanblick nach Osten vom Horizont bis zum Zenit zu folgenden Zeiten:

7. 8.	3 Uhr
22. 8.	2 Uhr
7. 9.	1 Uhr
22. 9.	Mitternacht
7. 10.	23 Uhr
22. 10.	22 Uhr
7. 11.	21 Uhr
22. 11.	20 Uhr
7. 12.	19 Uhr
22. 12.	18 Uhr

Im Zeitraum der »Sommerzeit« zu den angegebenen Zeiten 1 Stunde addieren.

Der Herbsthimmel in Mitteleuropa

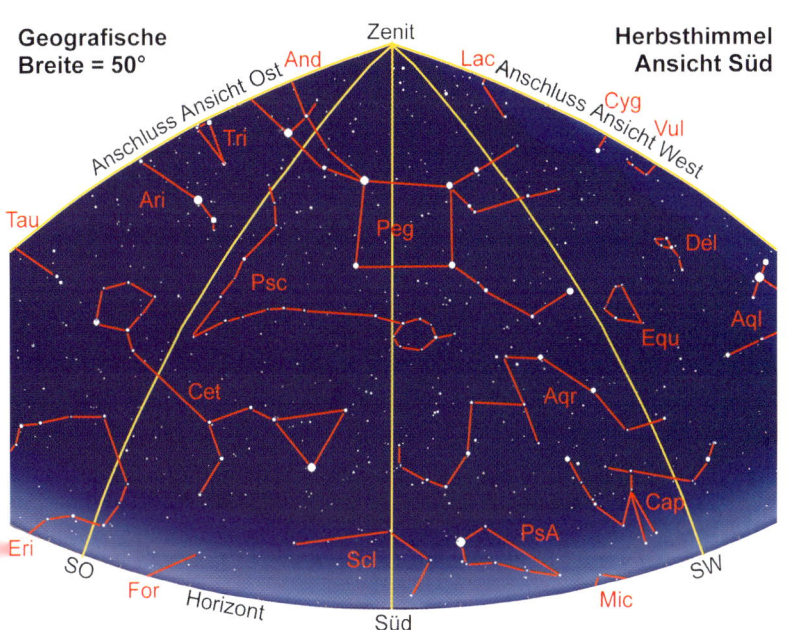

Geografische Breite = 50°

Herbsthimmel Ansicht Süd

Zenit

Anschluss Ansicht Ost

And

Lac

Anschluss Ansicht West

Cyg

Vul

Tri

Ari

Peg

Del

Tau

Psc

Equ

Aql

Cet

Aqr

Eri

Cap

PsA

SO

For

Scl

Mic

SW

Horizont

Süd

Bereich von SO bis SW und von Höhe 0° bis 90°

Der Himmelsanblick nach Süden
vom Horizont bis zum Zenit
zu folgenden Zeiten:

7. 8.	3 Uhr
22. 8.	2 Uhr
7. 9.	1 Uhr
22. 9.	Mitternacht
7. 10.	23 Uhr
22. 10.	22 Uhr
7. 11.	21 Uhr
22. 11.	20 Uhr
7. 12.	19 Uhr
22. 12.	18 Uhr

Im Zeitraum der »Sommerzeit«
zu den angegebenen Zeiten
1 Stunde addieren.

Der Herbsthimmel in Mitteleuropa

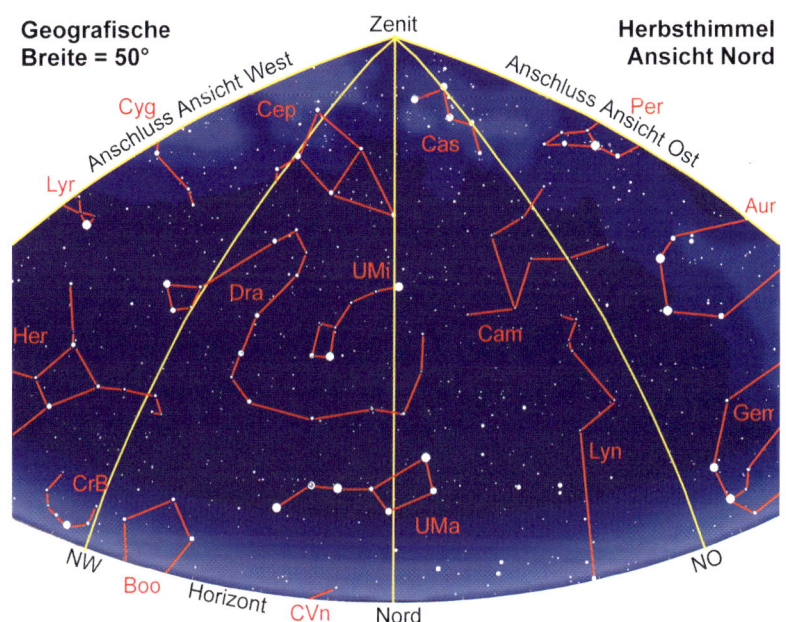

Geografische Breite = 50°

Herbsthimmel Ansicht Nord

Zenit

Anschluss Ansicht West

Anschluss Ansicht Ost

Cyg · Cep · Cas · Per

Lyr · Aur

UMi

Dra · Cam

Her · CrB · Lyn · Gem

Boo · UMa · CVn

NW · Horizont · Nord · NO

Bereich von NW bis NO und von Höhe 0° bis 90°

Der Himmelsanblick nach Norden vom Horizont bis zum Zenit zu folgenden Zeiten:

7. 8.	3 Uhr
22. 8.	2 Uhr
7. 9.	1 Uhr
22. 9.	Mitternacht
7. 10.	23 Uhr
22. 10.	22 Uhr
7. 11.	21 Uhr
22. 11.	20 Uhr
7. 12.	19 Uhr
22. 12.	18 Uhr

Im Zeitraum der »Sommerzeit« zu den angegebenen Zeiten 1 Stunde addieren.

Der Winterhimmel in Mitteleuropa

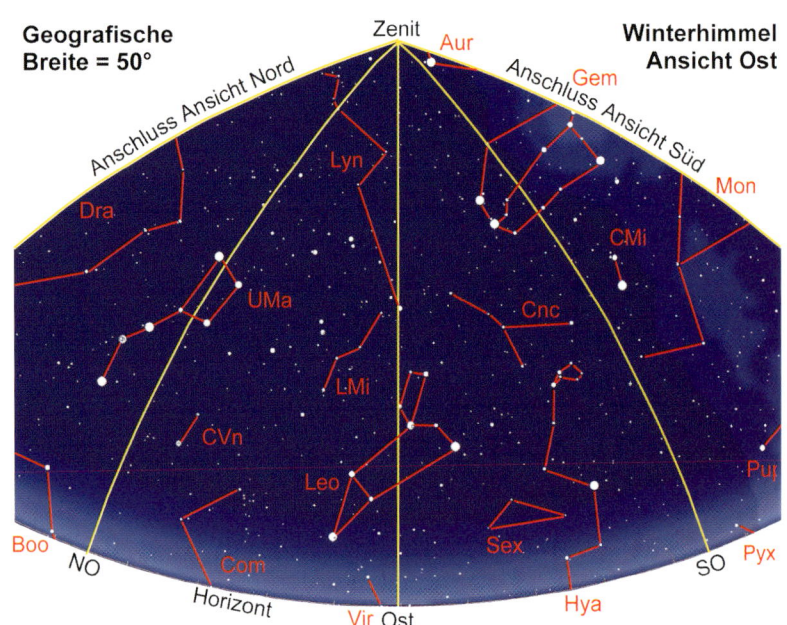

Geografische Breite = 50°

Winterhimmel Ansicht Ost

Zenit

Anschluss Ansicht Nord

Anschluss Ansicht Süd

Aur
Gem
Lyn
Mon
Dra
CMi
UMa
Cnc
LMi
CVn
Leo
Pup
Boo
Com
Sex
Pyx
NO
Horizont
Vir Ost
Hya
SO

Bereich von NO bis SO und von Höhe 0° bis 90°

Der Himmelsanblick nach Osten vom Horizont bis zum Zenit zu folgenden Zeiten:

6. 10.	5 Uhr
21. 10.	4 Uhr
6. 11.	3 Uhr
22. 11.	2 Uhr
6. 12.	1 Uhr
21. 12.	Mitternacht
6. 1.	23 Uhr
21. 1.	22 Uhr
6. 2.	21 Uhr
21. 2.	20 Uhr
6. 3.	19 Uhr

Im Zeitraum der »Sommerzeit« zu den angegebenen Zeiten 1 Stunde addieren.

Der Winterhimmel in Mitteleuropa

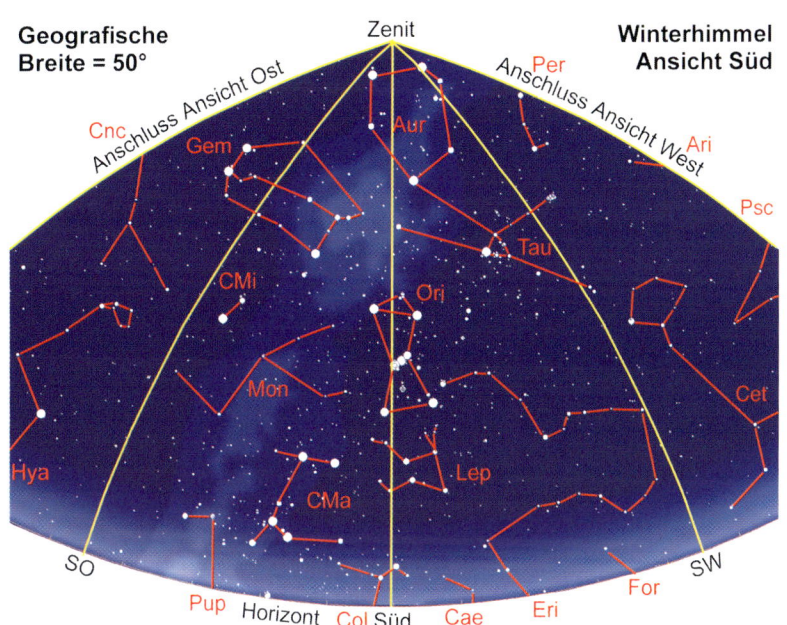

Geografische Breite = 50°

Winterhimmel Ansicht Süd

Zenit

Anschluss Ansicht Ost

Anschluss Ansicht West

Per

Cnc

Gem

Aur

Ari

Psc

CMi

Tau

Mon

Orj

Cet

Hya

Lep

CMa

SO

SW

Pup

Horizont

Col Süd

Cae

Eri

For

Bereich von SO bis SW und von Höhe 0° bis 90°

Der Himmelsanblick nach Süden vom Horizont bis zum Zenit zu folgenden Zeiten:

6. 10.	5 Uhr
21. 10.	4 Uhr
6. 11.	3 Uhr
22. 11.	2 Uhr
6. 12.	1 Uhr
21. 12.	Mitternacht
6. 1.	23 Uhr
21. 1.	22 Uhr
6. 2.	21 Uhr
21. 2.	20 Uhr
6. 3.	19 Uhr

Im Zeitraum der »Sommerzeit« zu den angegebenen Zeiten 1 Stunde addieren.

Der Winterhimmel in Mitteleuropa

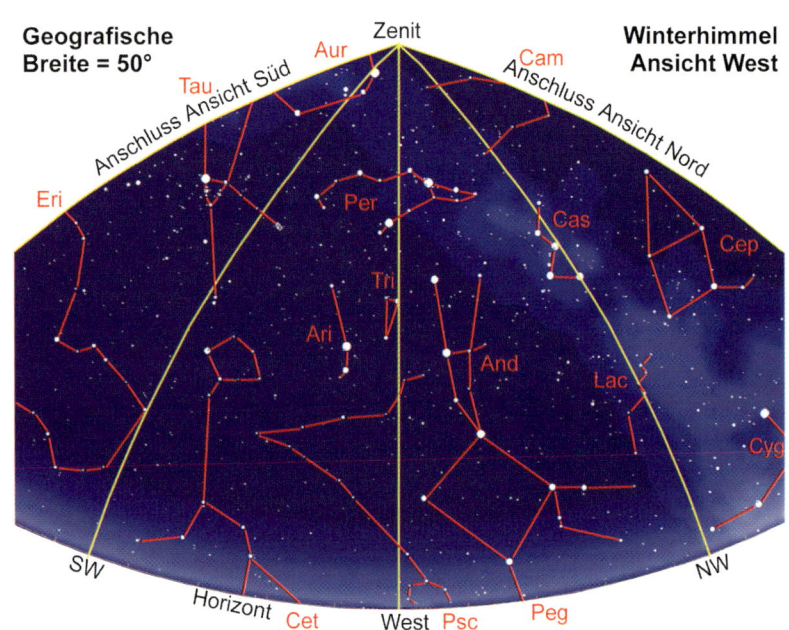

Geografische Breite = 50°

Winterhimmel Ansicht West

Zenit

Anschluss Ansicht Süd

Anschluss Ansicht Nord

Aur · Tau · Eri · Per · Tri · Ari · Cam · Cas · Cep · And · Lac · Cyg

SW · Horizont · Cet · West · Psc · Peg · NW

Bereich von SW bis NW und von Höhe 0° bis 90°

Der Himmelsanblick nach Westen vom Horizont bis zum Zenit zu folgenden Zeiten:

6. 10.	5 Uhr
21. 10.	4 Uhr
6. 11.	3 Uhr
22. 11.	2 Uhr
6. 12.	1 Uhr
21. 12.	Mitternacht
6. 1.	23 Uhr
21. 1.	22 Uhr
6. 2.	21 Uhr
21. 2.	20 Uhr
6. 3.	19 Uhr

Im Zeitraum der »Sommerzeit« zu den angegebenen Zeiten 1 Stunde addieren.

Der Winterhimmel in Mitteleuropa

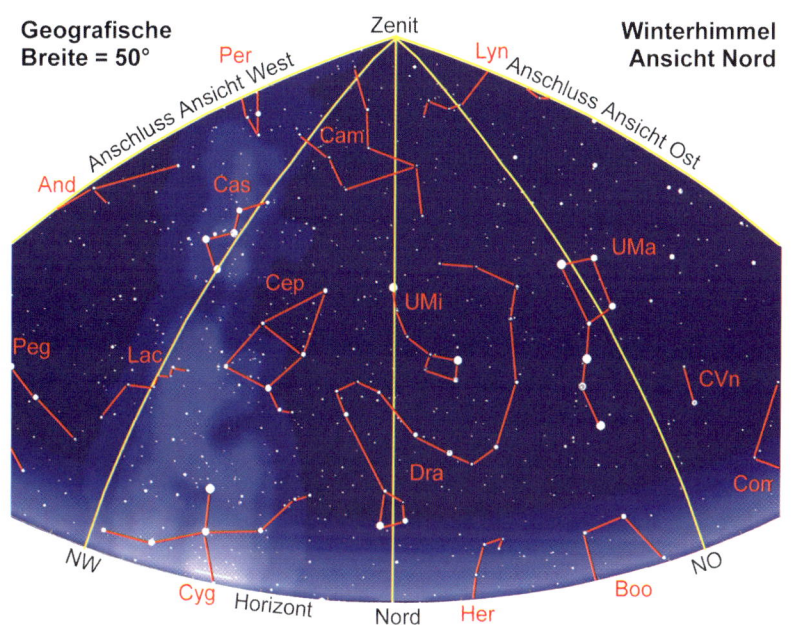

Geografische Breite = 50°

Winterhimmel Ansicht Nord

Zenit

Anschluss Ansicht West

Anschluss Ansicht Ost

Per
Lyn
And
Cam
Cas
UMa
Cep
UMi
Peg
Lac
CVn
Dra
Com
NW
NO
Cyg
Horizont
Nord
Her
Boo

Bereich von NW bis NO und von Höhe 0° bis 90°

Der Himmelsanblick nach Norden vom Horizont bis zum Zenit zu folgenden Zeiten:

6. 10.	5 Uhr
21. 10.	4 Uhr
6. 11.	3 Uhr
22. 11.	2 Uhr
6. 12.	1 Uhr
21. 12.	Mitternacht
6. 1.	23 Uhr
21. 1.	22 Uhr
6. 2.	21 Uhr
21. 2.	20 Uhr
6. 3.	19 Uhr

Im Zeitraum der »Sommerzeit« zu den angegebenen Zeiten 1 Stunde addieren.

Der Frühlingshimmel im Mittelmeerraum

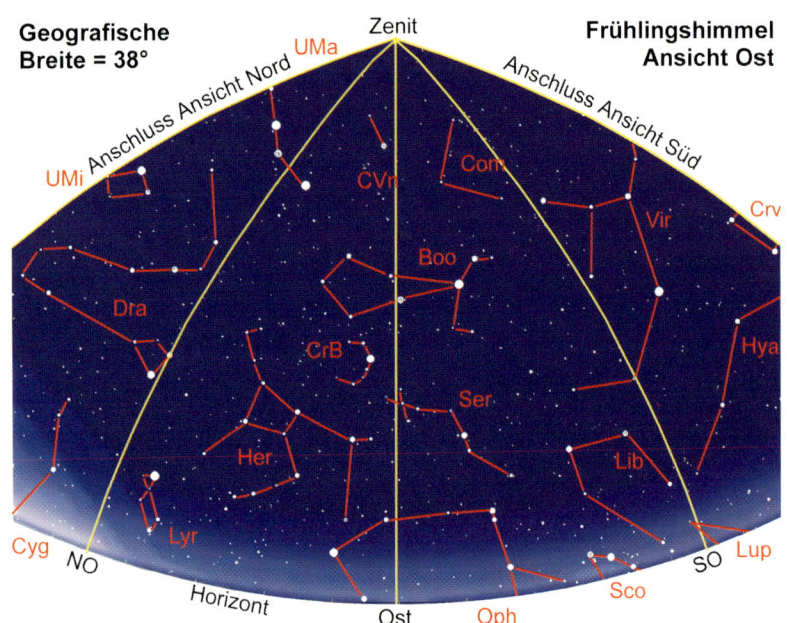

Bereich von NO bis SO und von Höhe 0° bis 90°

Der Himmelsanblick nach Osten vom Horizont bis zum Zenit zu folgenden Zeiten:

5. 1.	5 Uhr
20. 1.	4 Uhr
5. 2.	3 Uhr
20. 2.	2 Uhr
5. 3.	1 Uhr
20. 3.	Mitternacht
5. 4.	23 Uhr
20. 4.	22 Uhr
5. 5.	21 Uhr

Im Zeitraum der »Sommerzeit« zu den angegebenen Zeiten 1 Stunde addieren.

66

Der Frühlingshimmel im Mittelmeerraum

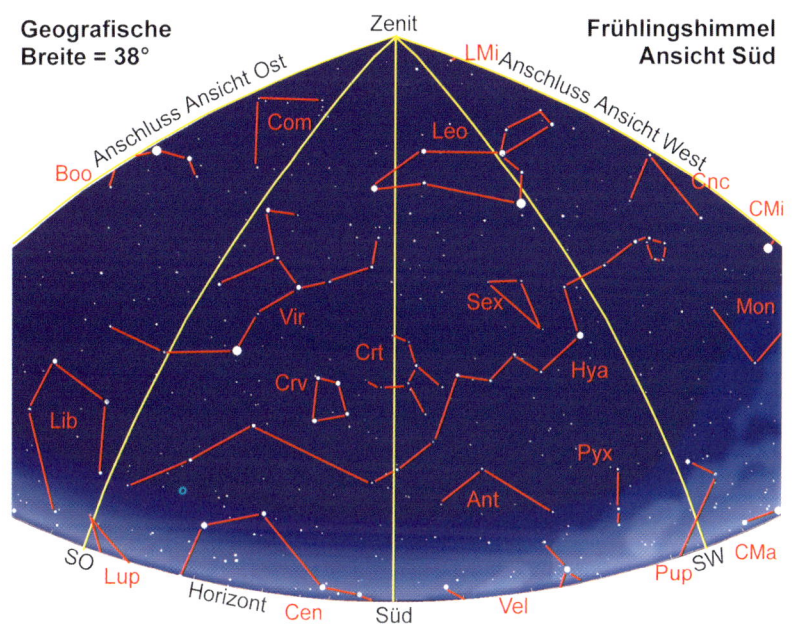

Geografische Breite = 38°

Zenit

Frühlingshimmel Ansicht Süd

Anschluss Ansicht Ost

Anschluss Ansicht West

LMi · Leo · Com · Boo · Cnc · CMi · Vir · Sex · Mon · Crt · Hya · Crv · Lib · Pyx · Ant · Lup · Cen · Vel · Pup · CMa

SO · Horizont · Süd · SW

Bereich von SO bis SW und von Höhe 0° bis 90°

Der Himmelsanblick nach Süden vom Horizont bis zum Zenit zu folgenden Zeiten:

5. 1.	5 Uhr
20. 1.	4 Uhr
5. 2.	3 Uhr
20. 2.	2 Uhr
5. 3.	1 Uhr
20. 3.	Mitternacht
5. 4.	23 Uhr
20. 4.	22 Uhr
5. 5.	21 Uhr

Im Zeitraum der »Sommerzeit« zu den angegebenen Zeiten 1 Stunde addieren.

Der Frühlingshimmel im Mittelmeerraum

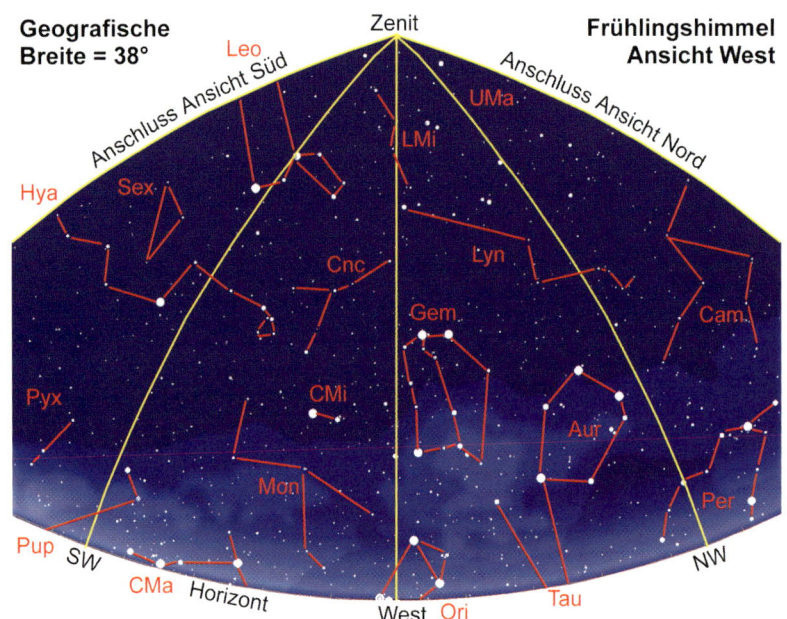

Bereich von SW bis NW und von Höhe 0° bis 90°

Der Himmelsanblick nach Westen
vom Horizont bis zum Zenit
zu folgenden Zeiten:

Im Zeitraum der »Sommerzeit«
zu den angegebenen Zeiten
1 Stunde addieren.

5. 1.	5 Uhr
20. 1.	4 Uhr
5. 2.	3 Uhr
20. 2.	2 Uhr
5. 3.	1 Uhr
20. 3.	Mitternacht
5. 4.	23 Uhr
20. 4.	22 Uhr
5. 5.	21 Uhr

Der Frühlingshimmel im Mittelmeerraum

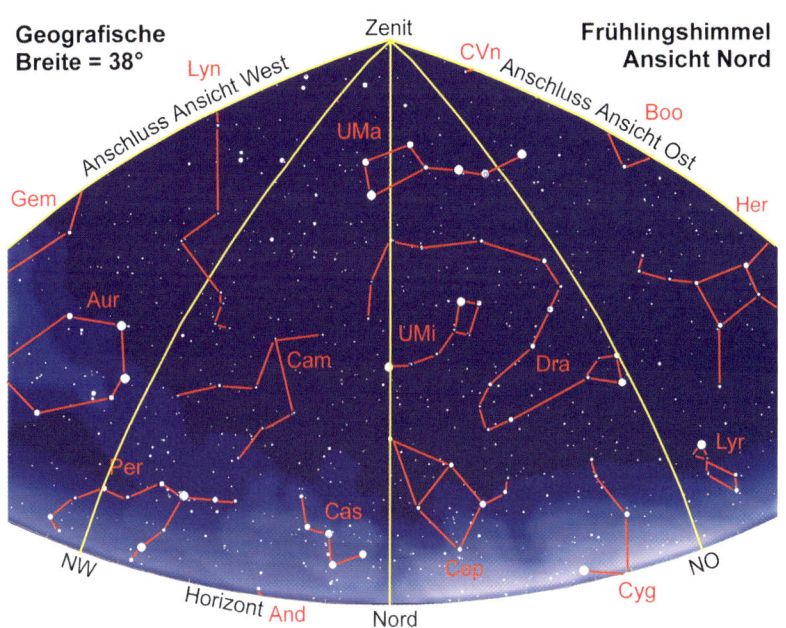

Geografische Breite = 38°

Frühlingshimmel Ansicht Nord

Zenit

Anschluss Ansicht West

Anschluss Ansicht Ost

Lyn · CVn · Boo · UMa · Gem · Her · Aur · Cam · UMi · Dra · Lyr · Per · Cas · Cep · Cyg · NW · Horizont · And · Nord · NO

Bereich von NW bis NO und von Höhe 0° bis 90°

Der Himmelsanblick nach Norden vom Horizont bis zum Zenit zu folgenden Zeiten:

5. 1.	5 Uhr
20. 1.	4 Uhr
5. 2.	3 Uhr
20. 2.	2 Uhr
5. 3.	1 Uhr
20. 3.	Mitternacht
5. 4.	23 Uhr
20. 4.	22 Uhr
5. 5.	21 Uhr

Im Zeitraum der »Sommerzeit« zu den angegebenen Zeiten 1 Stunde addieren.

Der Sommerhimmel im Mittelmeerraum

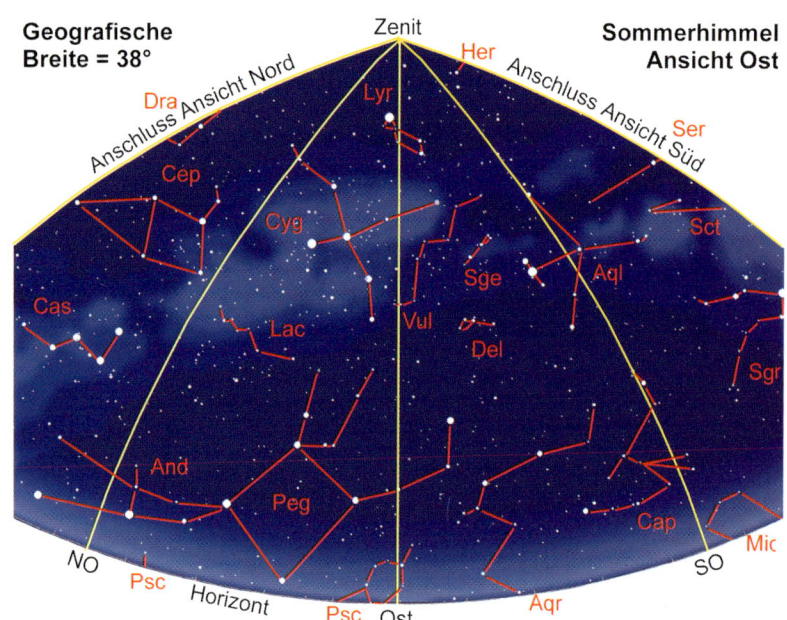

Bereich von NO bis SO und von Höhe 0° bis 90°

Der Himmelsanblick nach Osten
vom Horizont bis zum Zenit
zu folgenden Zeiten:

Im Zeitraum der »Sommerzeit«
zu den angegebenen Zeiten
1 Stunde addieren.

6. 4.	5 Uhr
21. 4.	4 Uhr
5. 5.	3 Uhr
21. 5.	2 Uhr
6. 6.	1 Uhr
21. 6.	Mitternacht
6. 7.	23 Uhr
21. 7.	22 Uhr
6. 8.	21 Uhr

Der Sommerhimmel im Mittelmeerraum

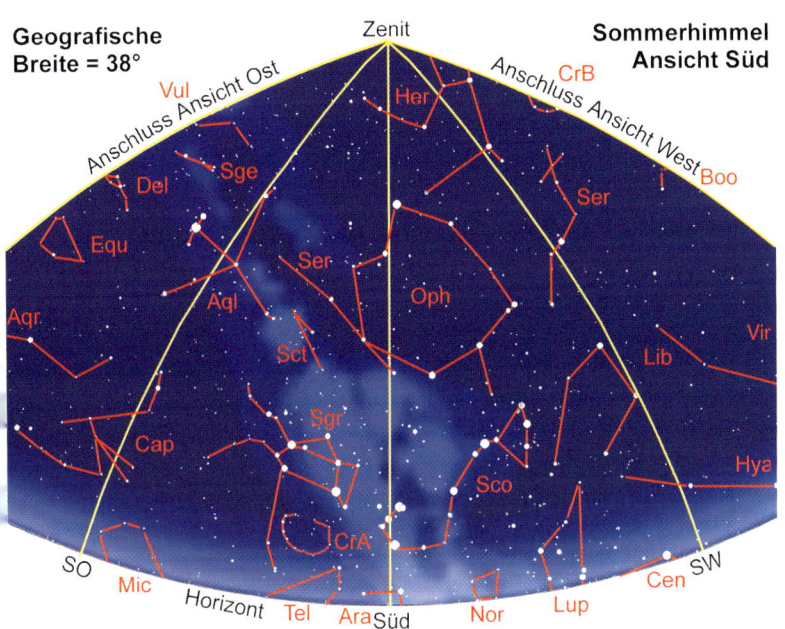

Bereich von SO bis SW und von Höhe 0° bis 90°

Der Himmelsanblick nach Süden vom Horizont bis zum Zenit zu folgenden Zeiten:

6. 4.	5 Uhr
21. 4.	4 Uhr
5. 5.	3 Uhr
21. 5.	2 Uhr
6. 6.	1 Uhr
21. 6.	Mitternacht
6. 7.	23 Uhr
21. 7.	22 Uhr
6. 8.	21 Uhr

Im Zeitraum der »Sommerzeit« zu den angegebenen Zeiten 1 Stunde addieren.

Der Sommerhimmel im Mittelmeerraum

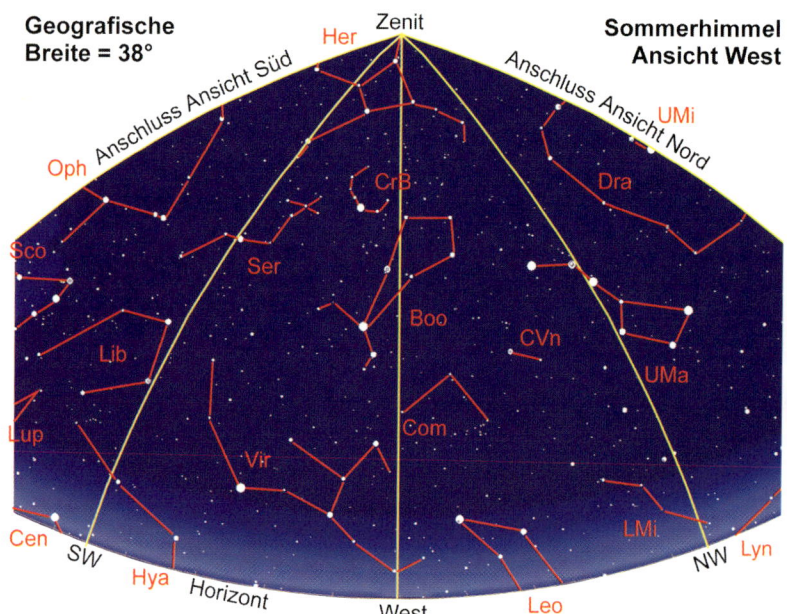

Geografische Breite = 38°

Sommerhimmel Ansicht West

Zenit

Her — Anschluss Ansicht Süd — Anschluss Ansicht Nord — UMi

Oph — CrB — Dra

Sco — Ser — Boo — CVn — UMa

Lib — Com — LMi

Lup — Vir — Leo — Lyn

Cen — SW — Hya — Horizont — West — NW

Bereich von SW bis NW und von Höhe 0° bis 90°

Der Himmelsanblick nach Westen vom Horizont bis zum Zenit zu folgenden Zeiten:

6. 4.	5 Uhr
21. 4.	4 Uhr
5. 5.	3 Uhr
21. 5.	2 Uhr
6. 6.	1 Uhr
21. 6.	Mitternacht
6. 7.	23 Uhr
21. 7.	22 Uhr
6. 8.	21 Uhr

Im Zeitraum der »Sommerzeit« zu den angegebenen Zeiten 1 Stunde addieren.

Der Sommerhimmel im Mittelmeerraum

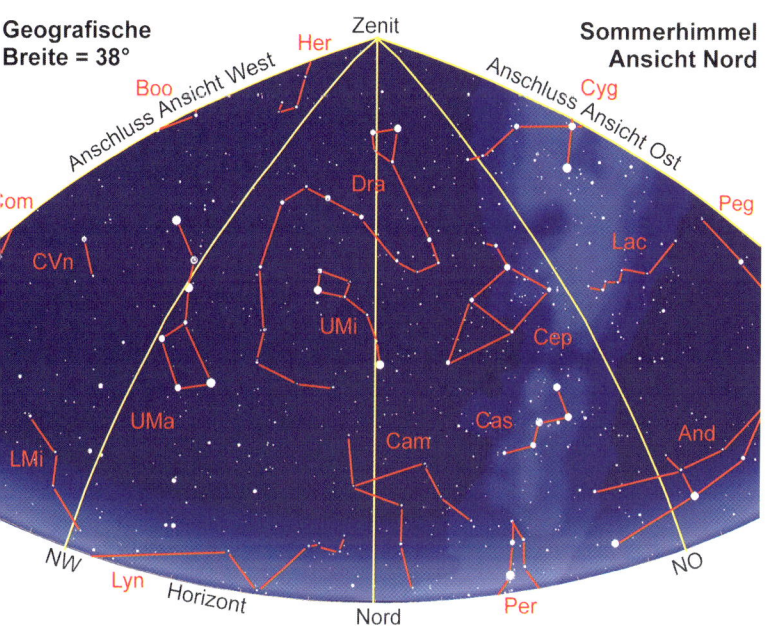

Geografische Breite = 38°

Sommerhimmel Ansicht Nord

Anschluss Ansicht West

Anschluss Ansicht Ost

Zenit

Her · Boo · Com · CVn · LMi · UMa · Lyn · Dra · UMi · Cam · Cas · Cep · Per · Lac · Cyg · Peg · And

NW · Nord · NO · Horizont

Bereich von NW bis NO und von Höhe 0° bis 90°

Der Himmelsanblick nach Norden vom Horizont bis zum Zenit zu folgenden Zeiten:

6. 4.	5 Uhr
21. 4.	4 Uhr
5. 5.	3 Uhr
21. 5.	2 Uhr
6. 6.	1 Uhr
21. 6.	Mitternacht
6. 7.	23 Uhr
21. 7.	22 Uhr
6. 8.	21 Uhr

Im Zeitraum der »Sommerzeit« zu den angegebenen Zeiten 1 Stunde addieren.

Der Herbsthimmel im Mittelmeerraum

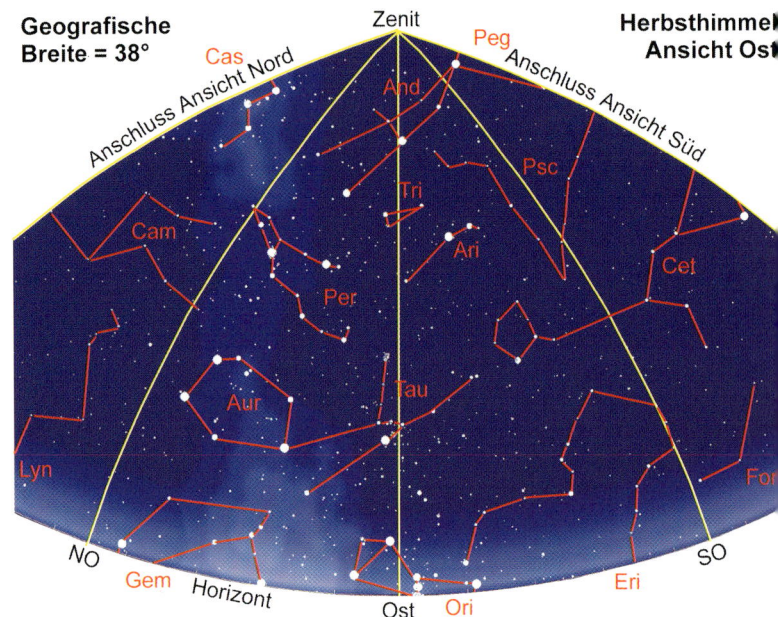

Bereich von NO bis SO und von Höhe 0° bis 90°

Der Himmelsanblick nach Osten
vom Horizont bis zum Zenit
zu folgenden Zeiten:

7. 8.	3 Uhr
22. 8.	2 Uhr
7. 9.	1 Uhr
22. 9.	Mitternacht
7. 10.	23 Uhr
22. 10.	22 Uhr
7. 11.	21 Uhr
22. 11.	20 Uhr
7. 12.	19 Uhr
22. 12.	18 Uhr

Im Zeitraum der »Sommerzeit«
zu den angegebenen Zeiten
1 Stunde addieren.

Der Herbsthimmel im Mittelmeerraum

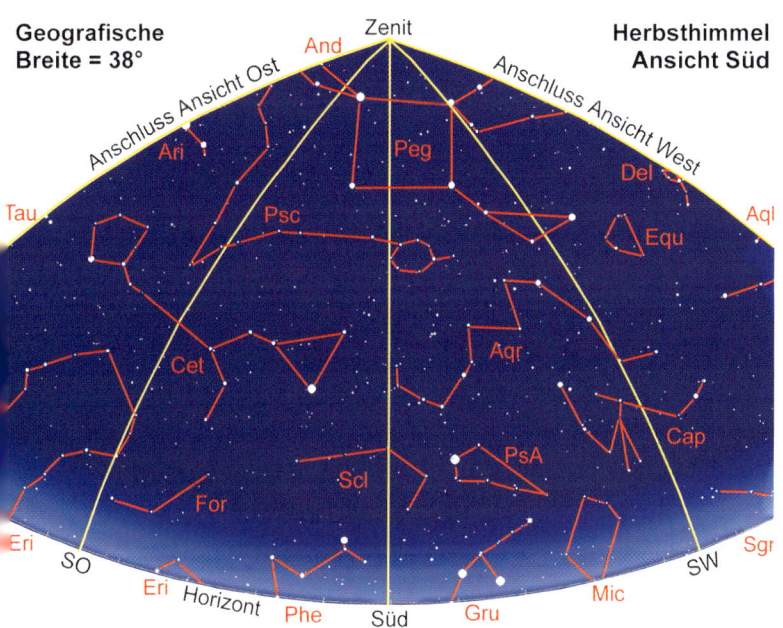

Geografische Breite = 38°

Herbsthimmel Ansicht Süd

Zenit

Anschluss Ansicht Ost

Anschluss Ansicht West

And

Ari

Peg

Del

Tau

Psc

Equ

Aql

Cet

Aqr

Cap

Scl

PsA

For

Eri

SO

Eri

Horizont

Phe

Süd

Gru

Mic

SW

Sgr

Bereich von SO bis SW und von Höhe 0° bis 90°

Der Himmelsanblick nach Süden vom Horizont bis zum Zenit zu folgenden Zeiten:

7. 8.	3 Uhr
22. 8.	2 Uhr
7. 9.	1 Uhr
22. 9.	Mitternacht
7. 10.	23 Uhr
22. 10.	22 Uhr
7. 11.	21 Uhr
22. 11.	20 Uhr
7. 12.	19 Uhr
22. 12.	18 Uhr

Im Zeitraum der »Sommerzeit« zu den angegebenen Zeiten 1 Stunde addieren.

Der Herbsthimmel im Mittelmeerraum

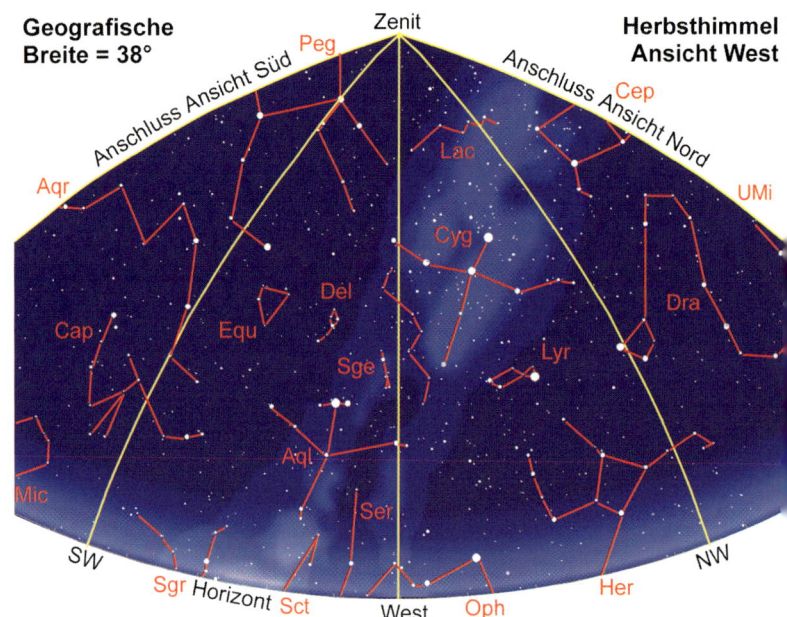

Geografische Breite = 38°

Herbsthimmel Ansicht West

Zenit

Anschluss Ansicht Süd

Anschluss Ansicht Nord

Peg

Cep

Lac

Aqr

UMi

Cyg

Cap

Del

Equ

Dra

Sge

Lyr

Aql

Ser

Mic

Sct

Her

SW

Sgr Horizont

West

Oph

NW

Bereich von SW bis NW und von Höhe 0° bis 90°

Der Himmelsanblick nach Westen vom Horizont bis zum Zenit zu folgenden Zeiten:

7. 8.	3 Uhr
22. 8.	2 Uhr
7. 9.	1 Uhr
22. 9.	Mitternacht
7. 10.	23 Uhr
22. 10.	22 Uhr
7. 11.	21 Uhr
22. 11.	20 Uhr
7. 12.	19 Uhr
22. 12.	18 Uhr

Im Zeitraum der »Sommerzeit« zu den angegebenen Zeiten 1 Stunde addieren.

Der Herbsthimmel im Mittelmeerraum

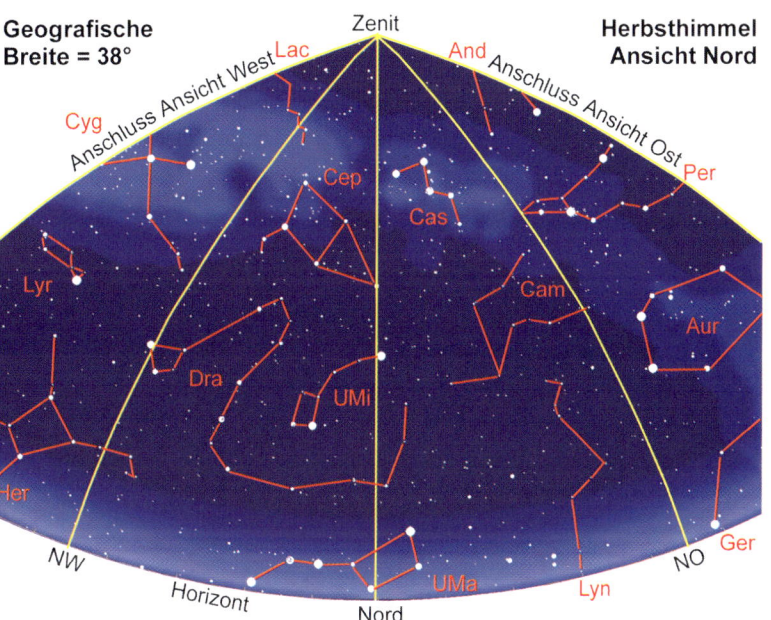

Geografische Breite = 38°

Herbsthimmel Ansicht Nord

Zenit

Anschluss Ansicht West · Lac

Cyg

Anschluss Ansicht West

And

Anschluss Ansicht Ost

Per

Cep

Cas

Lyr

Cam

Aur

Dra

UMi

Her

NW

Horizont

Nord

UMa

Lyn

NO

Ger

Bereich von NW bis NO und von Höhe 0° bis 90°

Der Himmelsanblick nach Norden vom Horizont bis zum Zenit zu folgenden Zeiten:

7. 8.	3 Uhr
22. 8.	2 Uhr
7. 9.	1 Uhr
22. 9.	Mitternacht
7. 10.	23 Uhr
22. 10.	22 Uhr
7. 11.	21 Uhr
22. 11.	20 Uhr
7. 12.	19 Uhr
22. 12.	18 Uhr

Im Zeitraum der »Sommerzeit« zu den angegebenen Zeiten 1 Stunde addieren.

Der Winterhimmel im Mittelmeerraum

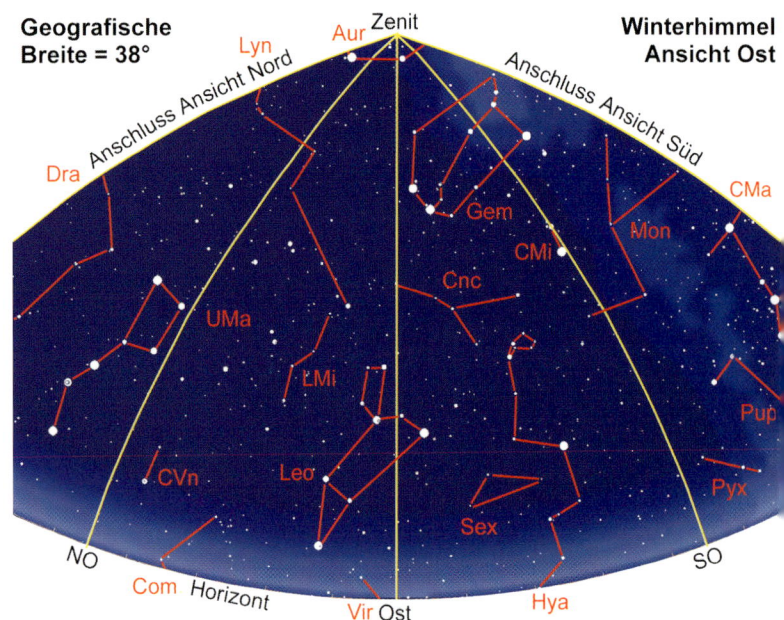

Bereich von NO bis SO und von Höhe 0° bis 90°

Der Himmelsanblick nach Osten vom Horizont bis zum Zenit zu folgenden Zeiten:

6. 10.	5 Uhr
21. 10.	4 Uhr
6. 11.	3 Uhr
22. 11.	2 Uhr
6. 12.	1 Uhr
21. 12.	Mitternacht
6. 1.	23 Uhr
21. 1.	22 Uhr
6. 2.	21 Uhr
21. 2.	20 Uhr
6. 3.	19 Uhr

Im Zeitraum der »Sommerzeit« zu den angegebenen Zeiten 1 Stunde addieren.

Der Winterhimmel im Mittelmeerraum

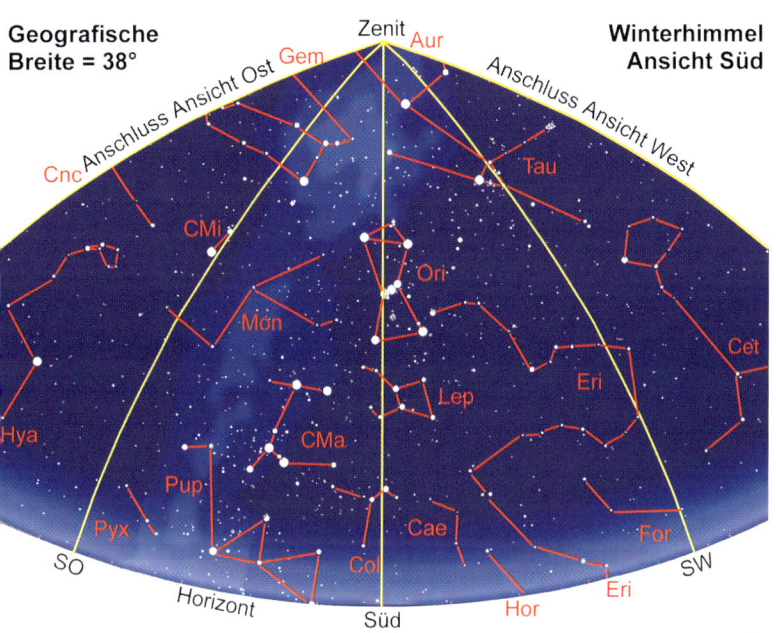

Bereich von SO bis SW und von Höhe 0° bis 90°

Der Himmelsanblick nach Süden vom Horizont bis zum Zenit zu folgenden Zeiten:

6. 10.	5 Uhr
21. 10.	4 Uhr
6. 11.	3 Uhr
22. 11.	2 Uhr
6. 12.	1 Uhr
21. 12.	Mitternacht
6. 1.	23 Uhr
21. 1.	22 Uhr
6. 2.	21 Uhr
21. 2.	20 Uhr
6. 3.	19 Uhr

Im Zeitraum der »Sommerzeit« zu den angegebenen Zeiten 1 Stunde addieren.

Der Winterhimmel im Mittelmeerraum

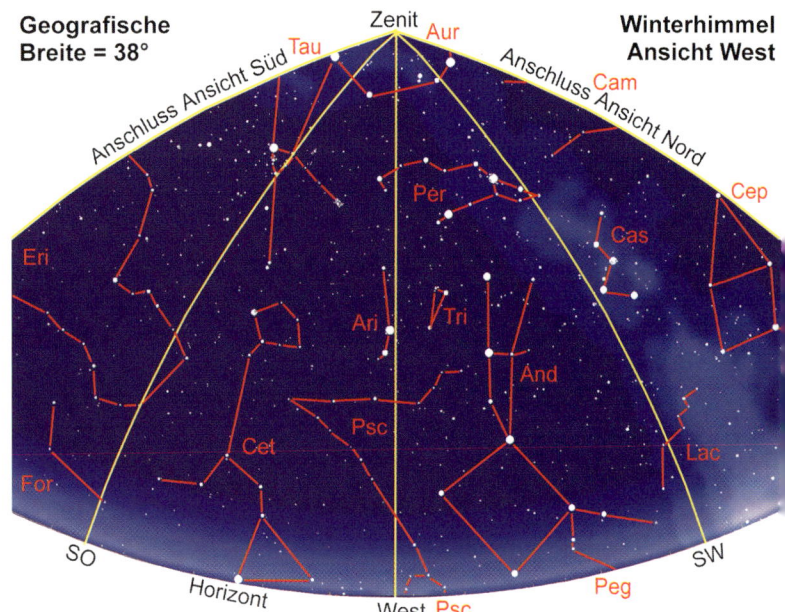

Bereich von SW bis NW und von Höhe 0° bis 90°

Der Himmelsanblick nach Westen vom Horizont bis zum Zenit zu folgenden Zeiten:

6. 10.	5 Uhr
21. 10.	4 Uhr
6. 11.	3 Uhr
22. 11.	2 Uhr
6. 12.	1 Uhr
21. 12.	Mitternacht
6. 1.	23 Uhr
21. 1.	22 Uhr
6. 2.	21 Uhr
21. 2.	20 Uhr
6. 3.	19 Uhr

Im Zeitraum der »Sommerzeit« zu den angegebenen Zeiten 1 Stunde addieren.

Der Winterhimmel im Mittelmeerraum

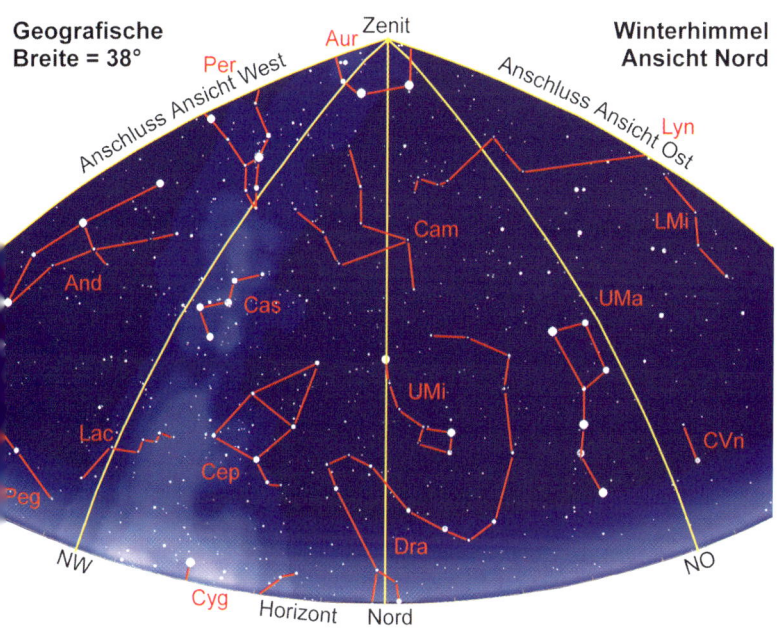

Bereich von NW bis NO und von Höhe 0° bis 90°

Der Himmelsanblick nach Norden vom Horizont bis zum Zenit zu folgenden Zeiten:

6. 10.	5 Uhr
21. 10.	4 Uhr
6. 11.	3 Uhr
22. 11.	2 Uhr
6. 12.	1 Uhr
21. 12.	Mitternacht
6. 1.	23 Uhr
21. 1.	22 Uhr
6. 2.	21 Uhr
21. 2.	20 Uhr
6. 3.	19 Uhr

Im Zeitraum der »Sommerzeit« zu den angegebenen Zeiten 1 Stunde addieren.

Die Sternbilder

Jetzt beschäftigen wir uns mit den einzelnen Sternbildern. Die um den südlichen Himmelspol orientierten Sternbilder, die hier gar nicht oder nur zum kleinen Teil sichtbar sind, sind nur zusammenfassend beschrieben. Im Tabellenteil am Ende dieses Abschnittes sind diese Sternbilder aber mit aufgelistet.

Noch einmal zur Erinnerung: Zum Auffinden der Sternbilder am nächtlichen Sternhimmel sollten wir die jahreszeitlichen Übersichtskarten im vorangehenden Abschnitt verwenden. Die folgenden Detaildarstellungen sind dafür nicht geeignet.

Der Maßstab aller folgenden Abbildungen ist stets derselbe, so daß wir die Größen der einzelnen Sternbilder untereinander vergleichen können. Da es neben sehr ausgedehnten auch sehr kleinflächige Sternbilder gibt, können einige kleine Sternbilder auch zusammen mit Nachbarsternbildern abgebildet sein.

Auf einer Doppelseite finden wir stets zwei Grafiken im selben Maßstab nebeneinander. In der linken Abbildung ist das Sternbild mit seiner unmittelbaren Umgebung dargestellt, so wie es am Himmel erscheint, wenn es seine Höchststellung erreicht hat: Seine Orientierung ist so, daß Norden stets oben zu liegen kommt. Die Sterne sind mit ihren Farben dargestellt, deren Sättigung zur besseren Unterscheidung allerdings übertrieben ist. Der Farbunterschied zwischen zwei Sternen ist erst dann wirklich beeindruckend, wenn man zwei eng benachbarte hellere Sterne zusammen beobachten kann. Oder wir nehmen ein kleines Teleskop zu Hilfe, um bei schwächeren Sternen mehr Licht zu sammeln. Es wurden Sterne bis zur Helligkeit von +6,5 mag in die Abbildung aufgenommen, also alle bei dunklem Himmel mit bloßem Auge sichtbaren Sterne. Zusätzlich zu den Sternen sind die helleren nichtstellaren Himmelsobjekte wie Sternhaufen, Nebel und Galaxien eingetragen, die mit bloßem Auge, einem kleinen Feldstecher oder Teleskop beobachtbar sind. Das Band der Milchstraße ist aus Gründen der Übersichtlichkeit hier nicht dargestellt.

In der zugehörigen Grafik auf der rechten Seite sind zusätzlich die gültigen Sternbildgrenzen eingezeichnet, ebenso einige Verbindungslinien, um die Struktur der Sternbildfigur anzudeuten. Anhand dieser Linien lassen sich die Sternbilder auch leichter wiedererkennen. Es sind die gleichen Linien wie in den Übersichtsdarstellungen im vorhergehenden Teil des Buches. Zu den hellsten Sternen sind ihre Namen oder Nummern vermerkt, ebenso zu den eingetragenen außergewöhnlichen Sternen oder nichtstellaren Himmelsobjekten.

Am unteren Rand der Sternbildkarte finden wir in grünlicher Farbe die Rektaszension in Ein-Stunden-Abschnitten und am linken Rand die Deklination in Zehn-Grad-Abschnitten markiert.

Zu jedem Sternbild finden wir einen Beschreibungsteil mit einer Auswahl der Sternbildersagen aus verschiedenen Kulturkreisen. Meist stammen diese Sagen jedoch aus der griechischen Antike.

Wenn es im jeweils behandelten Sternbild interessante Himmelsobjekte gibt, die mit bloßem Auge oder einem kleinen Instrument beobachtbar sind, finden wir diese in zwei kleinen Tabellen aufgelistet und in der Darstellung eingetragen, so daß wir diese am Himmel auch finden können. In den Tabellen finden wir Doppelsterne und Veränderliche Sterne mit Helligkeitsangaben, Winkelabständen und Lichtwechsel-Perioden. Die Angaben zum Durchmesser des Instrumentes zeigen, welches Instrument zur Beobachtung des Objektes mindestens verwendet werden sollte. 3-5 cm Durchmesser deuten auf ein Fernglas, 6 cm oder mehr auf ein kleines Teleskop, das wegen seiner Lichtstärke oder hohen Vergrößerung (z.B. für Doppelsterne) erforderlich ist. Zahlreiche Objekte sind jedoch auch dem bloßen Auge zugänglich. Voraussetzung dafür ist aber die Beobachtung unter einem dunklen, streulichtfreien Himmel.

Bleistiftzeichnung der Galaxie M 106 im Sternbild Jagdhunde. Beobachtet wurde mit einem Spiegelteleskop mit 220 mm Durchmesser und 1880 mm Brennweite bei Vergrößerung 104 x. Erkennbar sind der helle Kern der Galaxie und die längliche Form der Scheibe, sowie einige Vordergrundsterne, die zu unserer Milchstraße gehören.

Kleiner Bär und Drache

Der Kleine Bär wird oft auch als Kleiner Wagen bezeichnet. Im frühen
Griechenland wurden die Sterne des Kleinen Bären noch zum Drachen
gezählt. Thales von Milet soll das Sternbild um 600 v. Chr. in die griechische Astronomie übernommen haben.
Der Polarstern α UMi (Polaris) steht zur Zeit nur 0,75 Grad neben
dem nördlichen Himmelspol. Er ist als hellster Stern im Umkreis
von 15 Grad leicht aufzufinden. Das Sternbild enthält keine
hellen nichtstellaren Objekte.
Nach der griechischen Sage war der Drache Ladon das Ungeheuer,
das den Baum im Garten der Hesperiden bewachte und von Herkules
erschlagen wurde, der die Unsterblichkeit verleihenden Äpfel des
Baumes stahl. Der wie ein grünliches Planetenscheibchen erschei-
nende Nebel NGC 6543 ist einer der hellsten seiner Art.

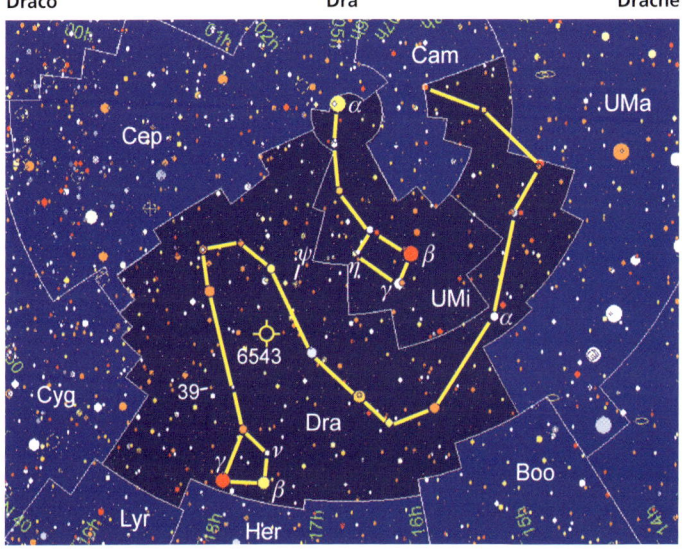

Besondere Sterne im Sternbild Kleiner Bär:				
Name	Art	Helligkeit (mag)	Abstand (arcsec)	Instrument ∅
α UMi = Polaris	Doppelstern	2,1 + 9,1	18,5	7 cm
β UMi = Kochab	–	2,1	–	Auge
γ UMi = Pherkad	–	3,1	–	Auge
η UMi	–	5,0	–	Auge

Besondere Sterne im Sternbild Drache:				
Name	Art	Helligkeit (mag)	Abstand (arcsec)	Instrument ∅
ν Dra	Doppelstern	4,9 + 4,9	62	4 cm
ψ Dra	Doppelstern	4,6 + 5,8	30,3	6 cm
39 Dra	Dreifach	5,0 + 7,8 + 7,2	3,9 + 89	7 cm

Hellere nichtstellare Objekte:					
Name	Art	Helligkeit (mag)	∅ (arcmin)	Entfernung (Lj)	Instrument ∅
NGC 6543	Planetarischer Neb.	8,3	0,3	3000	7 cm

Kepheus

Cepheus ist eine Gestalt aus der Perseus-Sage. Cepheus war König
des antiken Äthiopien, dessen Frau Cassiopeia wegen ihres Hochmutes
über die Götter durch den Meeresgott Poseideon bestraft wurde.
Dieser entsandte das Meeresungeheuer Ketos, das die Küsten des
Königreiches verwüstete. Es konnte nur aufgehalten werden, indem
die Königstochter Andromeda dem Ungeheuer (Cetus) geopfert
wurde. Nach seinem Sieg über das Ungeheuer befreite der Held
Perseus die an einen Felsen gekettete Andromeda. Außer Poseidon
sind alle Beteiligten am Himmel als Sternbilder verewigt.

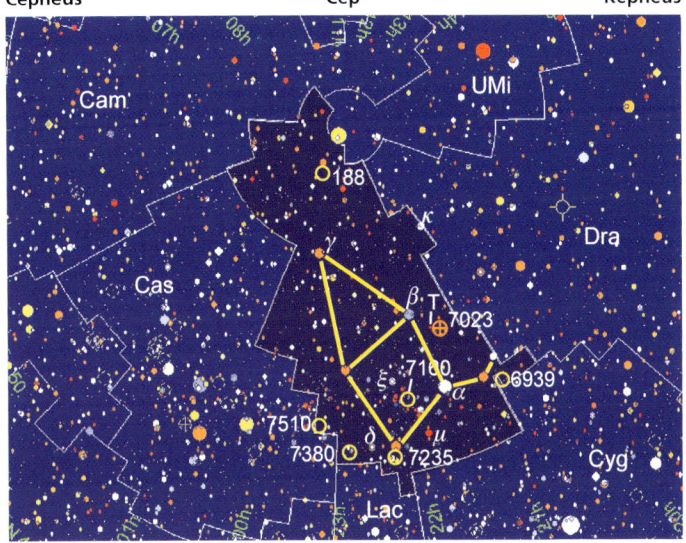

Besondere Sterne:

Name	Art	Helligkeit (mag)	Abstand (arcsec)	Periode (Tage)	Instrument ⌀
β Cep = Alfirk	Doppelstern	3,2 + 7,8	13,3	–	6 cm
δ Cep	Doppelstern	≅ 4 + 6,3	41	–	5 cm
δ Cep	veränderlich	3,7 – 4,6	–	5,4	Auge
μ Cep	veränderlich	3,4 – 5,1	–	≈ 730	Auge
ξ Cep	Doppelstern	4,5 + 6,5	8,2	–	6 cm
T Cep	veränderlich	5,3 – 8,4	–	401	4 cm

Hellere nichtstellare Objekte:

Name	Art	Helligkeit (mag)	⌀ (arcmin)	Entfernung (Lj)	Instrument ⌀
NGC 188	off. Haufen	8,1	14	5000	8 cm
NGC 6939	off. Haufen	8,5	8	6000	8 cm
NGC 7160	off. Haufen	6,1	7	4000	6 cm
NGC 7380	off. Haufen	7,2	12	11600	7 cm
NGC 7235	off. Haufen	7,7	4	12300	7 cm
NGC 7023	Hfn.+Nebel	7,1	18	?	7 cm
NGC 7510	off. Haufen	7,9	4	10200	8 cm

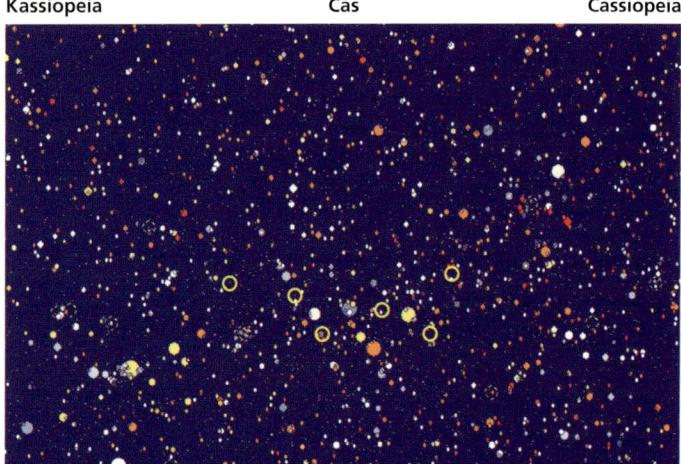

Kassiopeia

Cassiopeia ist eine Gestalt aus der Perseus-Sage. Cassiopeia war Königin des antiken Äthiopien und wurde wegen ihres Hochmutes über die Götter durch den Meeresgott Poseideon bestraft. Dieser entsandte das Meeresungeheuer Ketos, das die Küsten des Königreiches verwüstete. Es konnte nur aufgehalten werden, indem die Königstochter Andromeda dem Ungeheuer (Cetus) geopfert wurde. Nach seinem Sieg über das Ungeheuer befreite der Held Perseus die an einen Felsen gekettete Andromeda. Außer Poseidon sind alle Beteiligten am Himmel als Sternbilder verewigt.

Charakteristische Form des sehr markanten Sternbildes Cassiopeia ist die des Buchstaben »W«. Im Volksmund wird das Sternbild deshalb auch »Himmels-W« genannt. Es steht dem Großen Wagen am Himmel gegenüber, kann also auch als Aufsuchehilfe für den Polarstern genutzt werden.

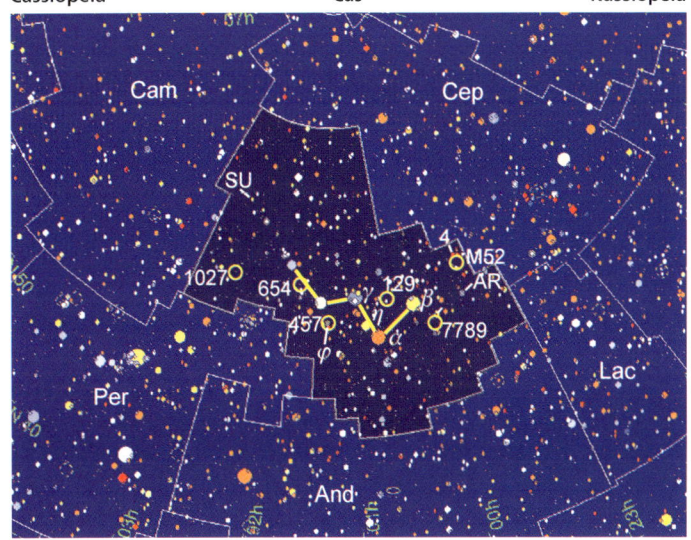

Besondere Sterne:					
Name	Art	Helligkeit (mag)	Abstand (arcsec)	Periode (Tage)	Instrument ∅
γ Cas	veränderlich	1,6 – 3,0	–	> 1	Auge
η Cas	Doppelstern	3,5 + 7,5	13	–	6 cm
φ Cas	Doppelstern	5,0 + 7,0	134	–	4 cm
4 Cas	Doppelstern	5,0 + 7,5	99	–	6 cm
AR Cas	Doppelstern	4,9 + 6,9	76	–	4 cm
SU Cas	veränderlich	5,7 – 6,3	–	1,95	4 cm

Hellere nichtstellare Objekte:					
Name	Art	Helligkeit (mag)	∅ (arcmin)	Entfernung (Lj)	Instrument ∅
M 52	off. Haufen	6,9	13	4800	6 cm
NGC 129	off. Haufen	6,5	21	5200	6 cm
NGC 457	off. Haufen	6,4	13	9100	6 cm
NGC 654	off. Haufen	6,5	5	5200	6 cm
NGC 1027	off. Haufen	6,7	20	3200	6 cm
NGC 7789	off. Haufen	6,7	16	6200	6 cm

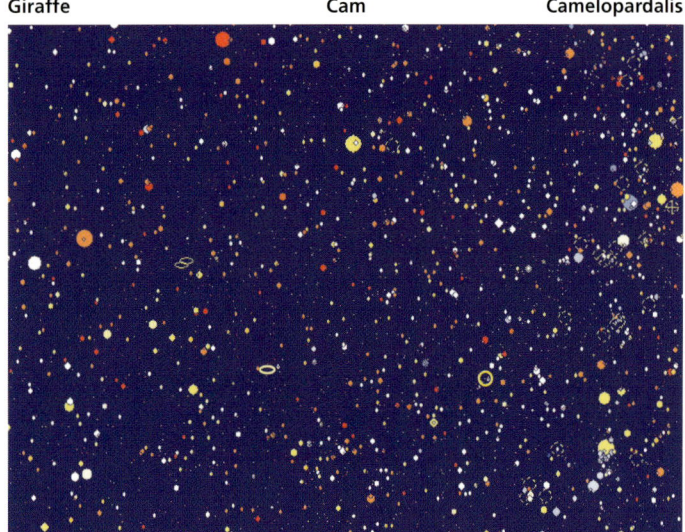

Giraffe

Das Sternbild Camelopardalis wurde um 1620 durch den holländischen Theologen Plancius eingeführt: das Kamel, auf dem Rebecca
mit dem Sklaven Abrahams zur ihrer Hochzeit mit Isaac nach Kanaan
ritt. Wegen des leopardenähnlich gefleckten Fells und der kamel-
artigen Gestalt nannte man die Giraffe in der Antike »Kamelpanther«,
woraus später Camelopardalis wurde.
Das Sternbild ist wegen seiner nur schwachen Sterne nicht leicht zu
finden.

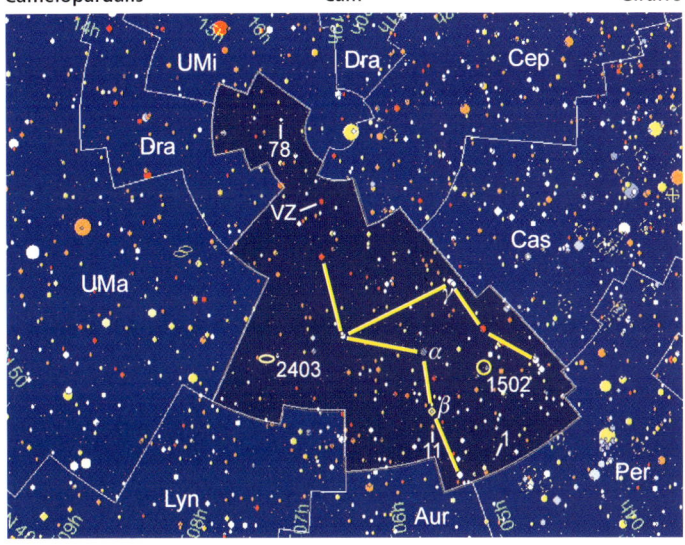

Besondere Sterne:					
Name	Art	Helligkeit (mag)	Abstand (arcsec)	Periode	Instrument ⌀
α Cam	sehr blau	4,3	–	–	Auge
β Cam	Doppelstern	4,0 + 7,4	81	–	5 cm
1 Cam	Doppelstern	5,8 + 6,9	10,3	–	6 cm
11 Cam	Doppelstern	5,1 + 6,2	180	–	4 cm
78 Cam	Doppelstern	5,3 + 5,8	21,6	–	6 cm
VZ Cam	veränderlich	4,8 – 5,2	–	unregelm.	Auge

Hellere nichtstellare Objekte:					
Name	Art	Helligkeit (mag)	⌀ (arcmin)	Entfernung (Lj)	Instrument ⌀
NGC 1502	off. Haufen	6,9	8	3100	6 cm
NGC 2403	Galaxie	8,5	12	10 Mio	8 cm

Großer Bär

Der große Bär (eigentlich die Bärin) ist das bekannteste Sternbild. In der griechischen Sage ist die Bärin Kallisto, eine Tochter des Königs Lykaon von Arkadien. Sie wurde von Zeus verführt und aus Zorn von Hera in eine Bärin verwandelt. Als ihr Sohn Arkas die Bärin auf der Jagd erlegen wollte, setzte sie Zeus an den Himmel. Mongolische und indianische Legenden berichten über sieben Indianersöhne, die in den Wald geschickt wurden, um die Winde zu verstehen. In der Nacht fiel ihnen ein starkes Flackern der Plejadensterne im Rhythmus des Windes auf und sie begannen ein wilden Tanz. Sie erhoben sich in die Lüfte und flogen den Plejaden entgegen, deren jüngste Schwester sich offenbar in den jüngsten der Brüder, Mizar, verliebt hatte. Seitdem stehen die sieben Brüder als die sieben Hauptsterne des Großen Wagens am Himmel, Mizar zusammen mit seiner Geliebten.
In anderen Kulturen als der griechischen war der Große Wagen ein eigenständiges Sternbild als Wagen oder eine Gruppe von sieben Ochsen.
Teil des Großen Bären ist der Große Wagen. Die beiden hinteren Kastensterne des Großen Wagens deuten, fünffach verlängert, auf den Polarstern.

Besondere Sterne:

Name	Art	Helligkeit (mag)	Abstand (arcsec)	Periode	Instrument ∅
α UMa = Dubhe	–	1,8	–	–	Auge
β UMa = Merak	–	2,4	–	–	Auge
γ UMa = Phegda	–	2,4	–	–	Auge
δ UMa = Megrez	–	3,3	–	–	Auge
ε UMa = Alioth	–	1,8	–	–	Auge
ζ UMa = Mizar	Doppelstern	2,3 + 4,0	14,4	–	6 cm
80 UMa = Alcor	Stern bei ζ	4,0	708	–	Auge
VY UMa	veränderlich	5,9 – 6,1	–	unregelm.	4 cm

Hellere nichtstellare Objekte:

Name	Art	Helligkeit (mag)	∅ (arcmin)	Entfernung (Lj)	Instrument ∅
M81	Galaxie	7,0	20	10 Mio	5 cm
M82	Galaxie	8,5	10	10 Mio	7 cm
M101	Galaxie	8,0	20	15 Mio	7 cm

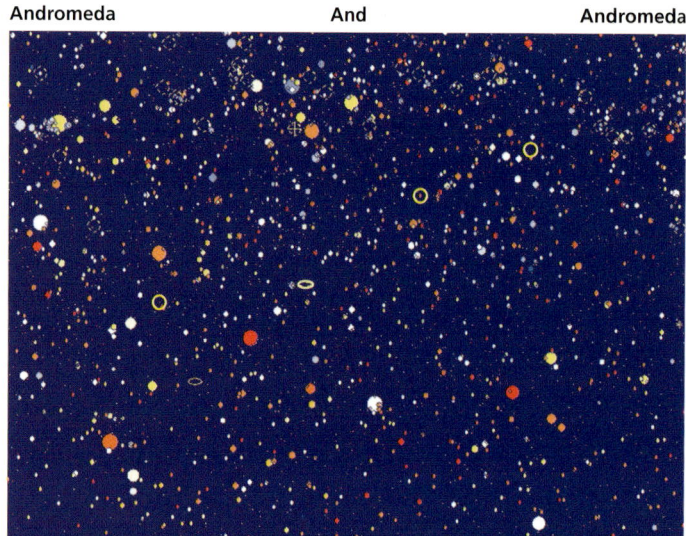

Andromeda und Eidechse

Andromeda ist eine Gestalt aus der Perseus-Sage. Andromeda war
die Tochter von Cepheus, König des antiken Äthiopien, und der
Königin Cassiopeia, die wegen ihres Hochmutes durch den Meeresgott
Poseideon bestraft wurde. Dieser entsandte das Meeresungeheuer
Ketos, das die Küsten des Königreiches verwüstete. Es konnte nur aufgehalten werden, indem die Königstochter Andromeda dem Ungeheuer (Cetus) geopfert wurde. Nach seinem Sieg über das Ungeheuer
befreite der Held Perseus die an einen Felsen gekettete Andromeda.
Außer Poseidon sind alle Beteiligten am Himmel als Sternbilder ver-
ewigt.
Lacerta, die Eidechse, wurde von Hevelius als Sternbild eingeführt.

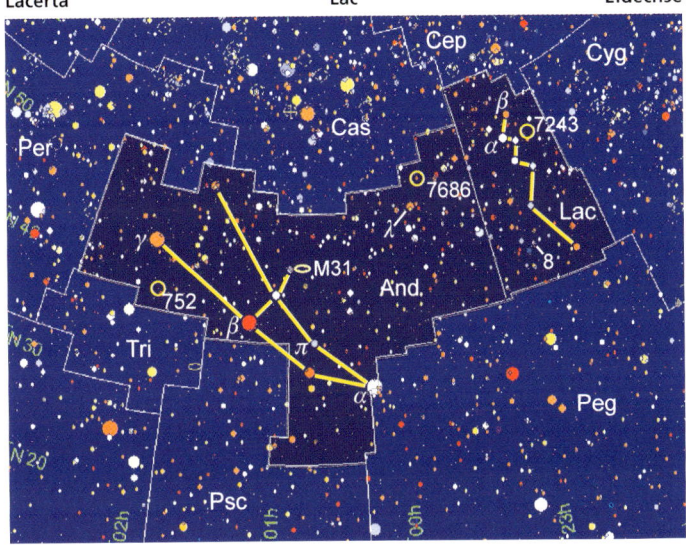

Besondere Sterne:

Name	Art	Helligkeit (mag)	Abstand (arcsec)	Periode (Tage)	Instrument ∅
γ And = Alamak	Doppelstern	2,2 + 4,8	9,8	–	5 cm
λ And	veränderlich	3,7 – 4,1	–	54,3	Auge
π And	Doppelstern	4,4 + 8,6	36	–	6 cm
8 Lac	Doppelstern	5,7 + 6,5	22,4	–	6 cm

Hellere nichtstellare Objekte:

Name	Art	Helligkeit (mag)	∅ (arcmin)	Entfernung (Lj)	Instrument ∅
M 31	Galaxie	4,3	178 x 40	2,2 Mio	Auge
NGC 752	off. Haufen	5,7	50	1300	4 cm
NGC 7686	off. Haufen	5,6	15	3200	4 cm
NGC 7243	off. Haufen	6,4	21	2600	5 cm

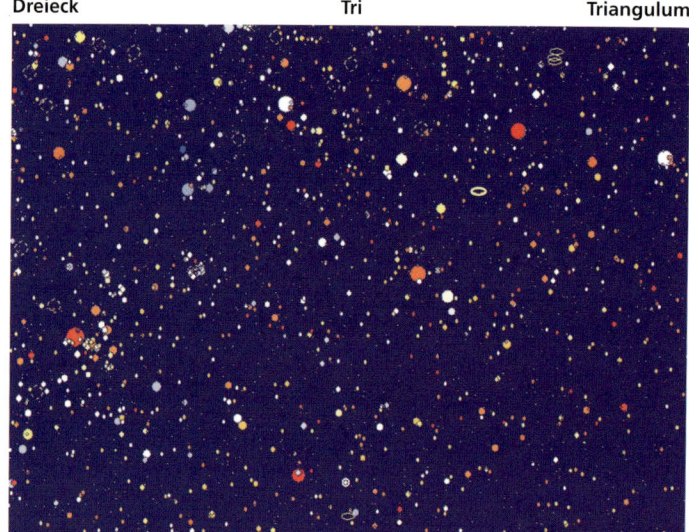

Widder und Dreieck

Nach der griechischen Legende stellt das Sternbild den Widder mit goldenem Fell dar, der zwei Königskinder vor dem Opfertod rettete und dessen Vlies die Argonauten aus Kolchis zurückholen wollten. Der Widder wurde in Kolchis anstelle der Kinder dem Zeus geopfert und als Sternbild an den Himmel versetzt. Auch die Kulturen der Babylonier, Ägypter und Perser sahen in dieser Sternanordnung einen Widder.

Das Dreieck kam nach einer griechischen Sage an den Himmel, weil Demeter, die Göttin des Ackerbaus, Zeus bat, die in ihrer Form dreieckige Insel Sizilien an den Himmel zu versetzen.

Beide Sternbilder enthalten nur wenige hellere nichtstellare Objekte. Eines der schönsten am Himmel ist jedoch die spiralförmige Galaxie M 33, auch Dreiecksnebel genannt. Man benötigt aber einen Feldstecher, um den Nebelflecken auch sicher zu erkennen. Diese Galaxie steht uns neben dem Andromedanebel am nächsten. ι Tri ist ein schöner zweifarbiger Doppelstern, zu dessen Beobachtung ein kleines Teleskop mit etwa 6 cm Öffnung benötigt wird.

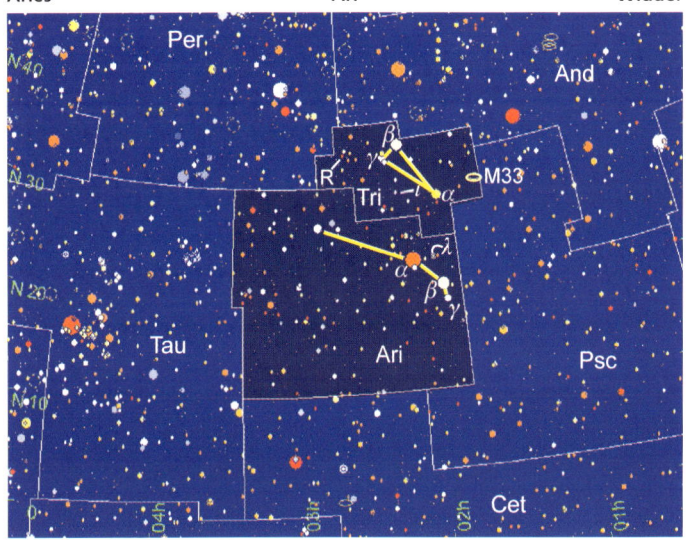

Besondere Sterne:					
Name	Art	Helligkeit (mag)	Abstand (arcsec)	Periode (Tage)	Instrument ⌀
α Ari = Hamal	–	2,0	–	–	Auge
λ Ari	Doppelstern	4,9 + 7,7	37,4	–	5 cm
β Tri	–	3,0	–	–	Auge
ι Tri = 6 Tri	Doppelstern	5,2 + 6,6	4,0	–	6 cm
R Tri	veränderlich	6,1 – 10,0	–	266,3	4 cm

Hellere nichtstellare Objekte:					
Name	Art	Helligkeit (mag)	⌀ (arcmin)	Entfernung (Lj)	Instrument ⌀
M 33	Galaxie	5,7	73 x 45	2,4 Mio	4 cm

Perseus

Perseus versprach dem König Polydektes ihm das Haupt der Gorgone
Medusa zu bringen. Dazu übergab ihm Athene als Waffen eine Sichel
und einen spiegelnden Schild, damit er das Haupt der Gorgone ab-
schlagen konnte, ohne es anzuschauen. Aus dem Blut der Medusa ent-
sprang das geflügelte Pferd Pegasus. Auf dem Heimweg befreite Perseus nach dem Kampf mit dem Ungeheuer Cetus die an einen Felsen
gekettete Königstochter Andromeda. Diese war in die Situation gekommen, weil ihre Mutter Cassiopeia, Königin des antiken Äthiopien,
wegen ihres Hochmutes über die Götter durch den Meeresgott Poseideon bestraft worden war. Dieser entsandte das Meeresungeheuer
Ketos, das die Küsten des Königreiches verwüstete. Es konnte nur aufgehalten werden, indem die Königstochter Andromeda dem Ungeheuer geopfert wurde. Außer Poseidon sind alle Beteiligten am Himmel als Sternbilder verewigt. Das Sternbild zeigt den Held Perseus mit
dem Medusenhaupt, dargestellt durch den veränderlichen Stern Algol
(β Per). Algol ist der bekannteste veränderliche Stern. Er wird in regel-
mäßigen Abständen von seinem Begleitstern bedeckt und erfährt so
einen Lichtwechsel von 2,1 auf 3,4 mag und zurück innerhalb von nur
10 Stunden. Der Stern selbst verändert seine Helligkeit dabei nicht.

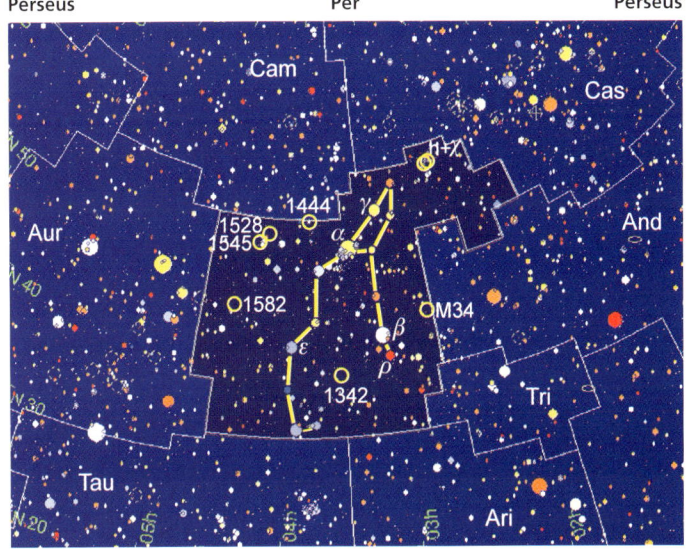

Besondere Sterne:

Name	Art	Helligkeit (mag)	Abstand (arcsec)	Periode (Tage)	Instrument ∅
β Per = Algol	veränderlich	2,1 – 3,4	–	2,87	Auge
ε Per	Doppelstern	2,9 + 7,4	8,8	–	6 cm
ρ Per	veränderlich	3,3 – 4,0	–	≅ 50	Auge

Hellere nichtstellare Objekte:

Name	Art	Helligkeit (mag)	∅ (arcmin)	Entfernung (Lj)	Instrument ∅
M 34	off. Haufen	5,2	35	1400	Auge
h + χ	Doppel-sternhaufen	5,3 / 6,1	30' / 30'	7500 / 7500	Auge / Auge
NGC 1342	off. Haufen	6,7	14	1800	6 cm
NGC 1528	off. Haufen	6,4	23	2600	6 cm
NGC 1545	off. Haufen	6,2	18	2600	5 cm
NGC 1582	off. Haufen	7,0	37	?	7 cm

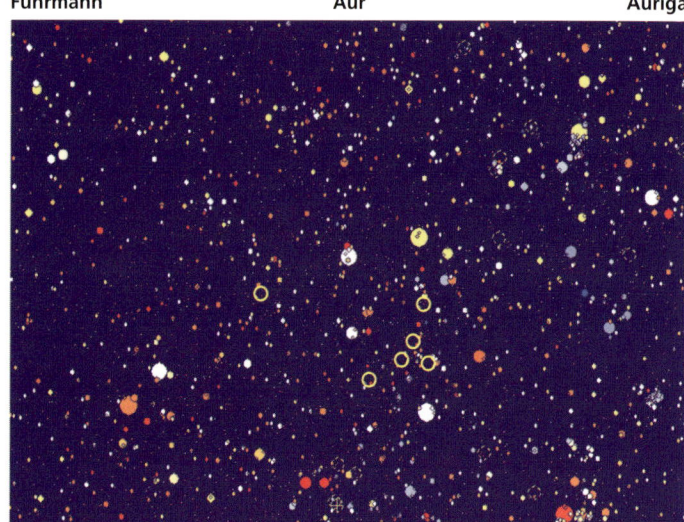

Fuhrmann

Das Sternbild des Fuhrmanns soll den König Erichthonios von Athen darstellen, dem im Altertum die Erfindung des Fuhrwerks zugeschrieben wurde. Der Fuhrmann trägt im Arm die Ziege Amalthea und zwei kleine Böcklein. Die Ziege hatte einst Göttervater Zeus ernährt und ihn vor dem tödlichen Zugriff seines Titanenvaters Kronos errettet.

Das Sternbild ist durch seine charakteristische Form eines Fünfecks leicht erkennbar, da es aus recht hellen Sternen besteht. Der Stern α Aur = Capella ist der sechsthellste Stern des ganzen Himmels. Der südlichste Stern, der mit den anderen fünf ein Sechseck bildet, wird heute dem Sternbild Taurus zugeordnet.

Der Veränderliche ε Aur ist ein Bedeckungsveränderlicher Stern. Seine Periode von 27 Jahren ist die längste bekannte. Die Verfinsterung des Sterns dauert 700 Tage. Die nächste beginnt im Jahr 2010.

Besondere Sterne:					
Name	Art	Helligkeit (mag)	Abstand (arcsec)	Periode (Tage)	Instrument ∅
α Aur = Capella	Hauptstern	0,1	–	–	Auge
ε Aur	veränderlich	2,9 – 3,8	–	9885	Auge
ζ Aur	veränderlich	3,7 – 4,0	–	972	Auge
14 Aur	Doppelstern	5,1 + 7,5	14,6	–	6 cm

Hellere nichtstellare Objekte:					
Name	Art	Helligkeit (mag)	∅ (arcmin)	Entfernung (Lj)	Instrument ∅
M 36	off. Haufen	6,0	12	4100	5 cm
M 37	off. Haufen	5,6	24	4400	5 cm
M 38	off. Haufen	6,4	21	4300	6 cm
NGC 1857	off. Haufen	7,0	5	6200	6 cm
NGC 1893	off. Haufen	7,5	11	13000	8 cm
NGC 2281	off. Haufen	5,4	15	1600	5 cm

Kleiner Löwe und Luchs

Die Sternbilder Leo Minor und Lynx wurden 1690 von Hevelius als Lückenfüller in seinem Atlas eingeführt und enthalten keine einfach zu beobachtenden Objekte. Lynx könnte seinen Namen daher erhalten haben, weil man Augen wie ein Luchs braucht, um es zu erkennen.

Lynx   Lyn   Luchs

Besondere Sterne:				
Name	Art	Helligkeit (mag)	Abstand (arcsec)	Instrument ⌀
46 LMi	hellster Stern in LMi	3,8	–	Auge
β LMi	–	4,2	–	Auge
α Lyn	hellster Stern in Lyn	3,1	–	Auge
5 Lyn	Doppelstern	5,2 + 7,8	96	6 cm
12 Lyn	Dreifachstern	5,4 / 6,0 / 7,3	8,7 / 1,7 / 1,7	10 cm
15 Lyn	–	4,4	–	Auge
19 Lyn	Doppelstern	5,5 + 6,5	14,8	6 cm
31 Lyn	–	4,3	–	Auge
38 Lyn	–	3,8	–	Auge

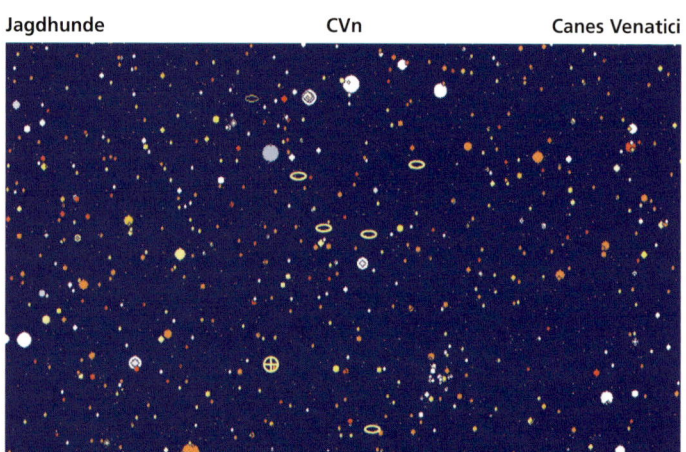

Jagdhunde und Haar der Berenice

Hevelius führte 1687 das Sternbild Jagdhunde ein. Seinen heutigen
Namen erhielt das Sternbild jedoch erst später. Die beiden Jagdhunde
sollen die Begleiter des Bärenhüters (Sternbild Bootes) sein, Asterion
und Chara.

Das Sternbild Coma oder Coma Berenices wurde 1551 von Gerard Mer-
cator eingeführt. Einst soll die ägyptische Königin Berenice ihr Haar
geopfert haben, um der Göttin der Schönheit für den guten Ausgang
eines Feldzuges ihres Mannes zu danken. Das Haar wurde im Tempel
aufbewahrt, jedoch gestohlen. Der Mathematiker Conon tröstete die
Königin damit, daß ihr Haar an den Himmel versetzt worden sei.

Der römische Dichter Ovid erzählte eine andere Geschichte von dem
Liebespaar Thisbe und Pyramus. Pyramus nahm fälschlicherweise
an, seine Thisbe sei von einem Löwen getötet worden, da dieser ihren
Schleier in den Klauen hielt, und tötete sich aus Trauer daraufhin
selbst. Als Thisbe dies entdeckte, nahm auch sie sich das Leben. Zeus
setzte den Schleier als Sternbild »Coma« an den Himmel. Das Sternbild Coma besteht aus zahlreichen recht schwachen Sternen.

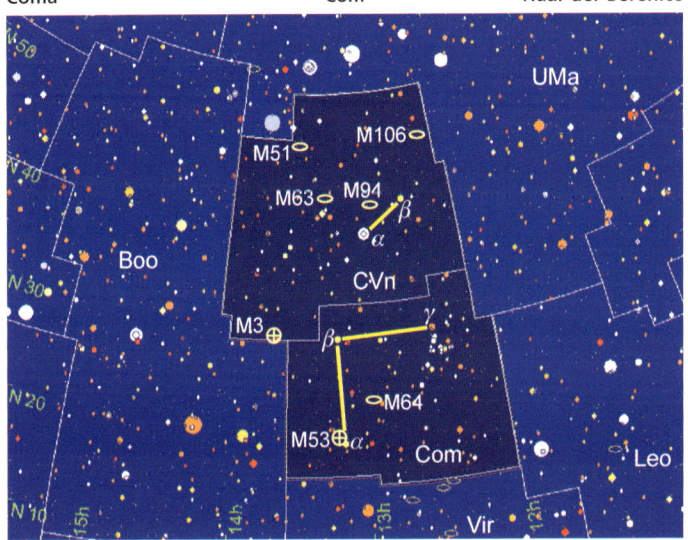

Besondere Sterne:					
Name	Art	Helligkeit (mag)	Abstand (arcsec)	Periode (Tage)	Instrument ∅
α CVn = Cor Caroli	Doppelstern	2,8 + 5,4	19,4	–	5 cm
Y CVn	veränderlich	5,2 – 6,6	–	≅ 157	4 cm
12 Com	Doppelstern	4,7 + 8,3	65	–	7 cm
24 Com	Doppelstern	5,0 + 6,6	20,3	–	5 cm

Hellere nichtstellare Objekte:					
Name	Art	Helligkeit (mag)	∅ (arcmin)	Entfernung (Lj)	Instrument ∅
M 3	Kugelhaufen	6,4	18	34000	5 cm
M 51	Galaxie	8,4	9 x 7,5	38 Mio	6 cm
M 53	Kugelhaufen	7,7	14	60000	6 cm
M 63	Galaxie	8,6	15 x 9	42 Mio	10 cm
M 64	Galaxie	8,5	10 x 5	42 Mio	7 cm
M 94	Galaxie	8,2	14 x 13	32 Mio	8 cm
M 106	Galaxie	8,4	22 x 9	39 Mio	8 cm

Bärenhüter und Nördliche Krone

Eine Sage identifiziert den Bootes mit dem armen aber erfindungs-
reichen Bauern Philomelos, der den Wagen und den Pflug entwickelt
haben soll. Für diese Taten versetzte ihn seine Mutter Demeter, die
Göttin des Ackerbaus, als Sternbild an den Himmel. Dort geht er als
Landmann hinter dem Großen Wagen (Teil von Ursa Major) her. Es
gibt auch Legenden, die ihn mit dem Großen und dem Kleinen Bären
in Beziehung setzen. Er wird deshalb auch Bärenhüter genannt. Der
rote Hauptstern des Bärenhüters, Arktur, ist der hellste Stern des
Nordhimmels und der vierthellste Stern des ganzen Himmels. Er ist
leicht zu finden, indem man die Deichsel des Großen Wagens verlängert.
Das Sternbild Corona Borealis soll die mit Edelsteinen besetzte Krone
darstellen, die Ariadne, die Tochter des kretischen Königs Minos,
als Hochzeitsgeschenk bekam. Die Araber sahen in dem Sternbild die
Schüssel eines Bettlers, die Chinesen eine Geldkette, die austra-
lischen Aborigines einen Bumerang. Das Sternbild ist wegen seiner
halbkreisförmigen Gestalt leicht zu erkennen.

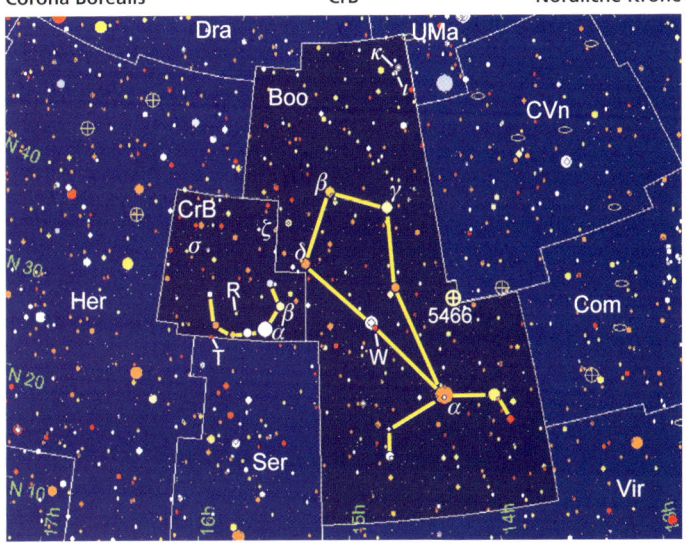

Besondere Sterne:

Name	Art	Helligkeit (mag)	Abstand (arcsec)	Periode (Tage)	Instrument ⌀
α Boo = Arcturus	Hauptstern	0,12	–	–	Auge
δ Boo	Doppelstern	3,5 + 7,8	105	–	6 cm
κ Boo	Doppelstern	4,5 + 6,7	13,5	–	6 cm
ι Boo	Doppelstern	4,8 + 8,2	38,5	–	5 cm
W Boo	veränderlich	4,7 – 5,4	–	30 – 450	Auge
α CrB = Gemma	Hauptstern	2,2	–	–	Auge
ζ CrB	Doppelstern	5,1 + 6,0	6,4	–	6 cm
σ CrB	Doppelstern	5,6 + 6,7	7,1	–	6 cm
R CrB	veränderlich	5,8 – 14,8	–	unregelm.	5 cm
T CrB	veränderlich	10,8 – 2,0	–	unregelm.	Auge

Hellere nichtstellare Objekte:

Name	Art	Helligkeit (mag)	⌀ (arcmin)	Entfernung (Lj)	Instrument ⌀
NGC 5466	Kugelhaufen	9,0	10	52000	8 cm

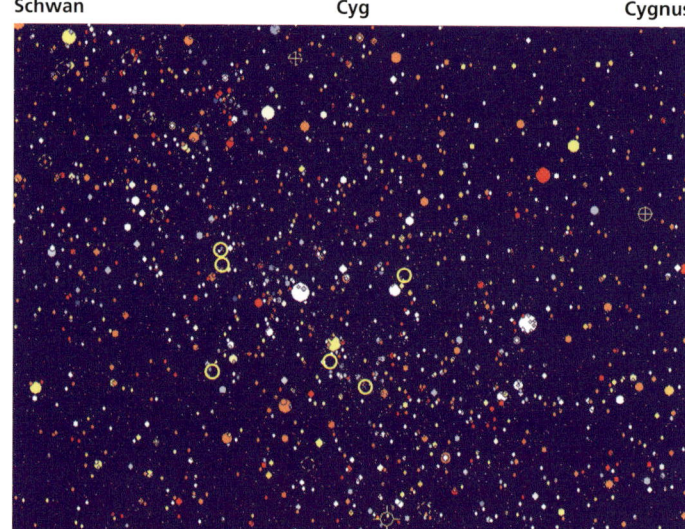

Schwan und Leier

Um den Schwan und die Leier ranken sich verschiedene Legenden.
Einmal ist es der Schwan, in dessen Gestalt sich Zeus der Leda
näherte. Oder es erinnert an den Sänger Orpheus, der von Apollo
eine himmlische Leier erhielt und begnadet darauf spielte, von Fana-
tikern umgebracht wurde und von den Göttern als Schwan an den
Himmel versetzt wurde. Die schönste Sage handelt von Freundschaft:
Cygnus, der Schwan, und Phaeton, der Sohn des Sonnengottes waren
Freunde. Phaeton verunglückte mit dem Sonnenwagen seines Vaters
und stürzte in den Fluß der Unterwelt, Eridanus. Cygnus sah seinen
Freund verloren und tauchte hinterher. So zieht Cygnus als Symbol der
Freundschaft über den Himmel.
Die Sommer-Sternbilder Schwan und Leier mit ihren Hauptsternen
Deneb und Wega gehören zum prächtigsten Teil des Sternhimmels mit
den hellsten Partien der Milchstraße. Wegen seiner markanten Form
nennt man den Schwan auch oft »Kreuz des Nordens«. Deneb, Wega
und Atair im Sternbild Aquila bilden das sogenannte »Sommerdrei-
eck«. Der Doppelstern Albireo ist einer der schönsten des ganzen
Himmels.

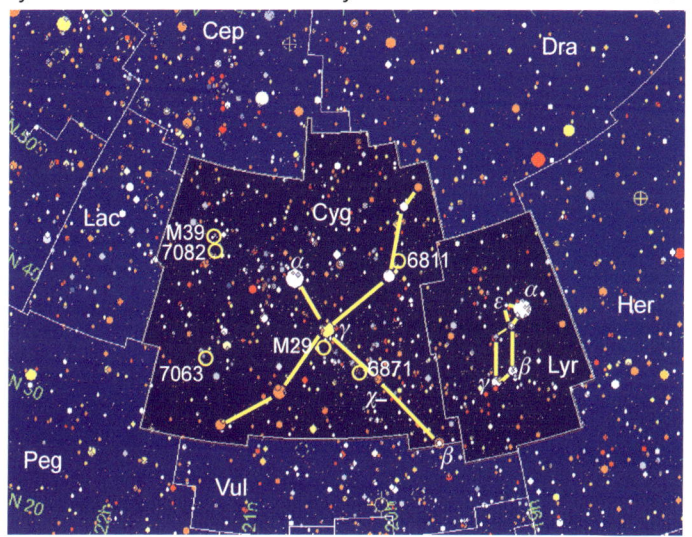

Besondere Sterne:

Name	Art	Helligkeit (mag)	Abstand (arcsec)	Periode (Tage)	Instrument ∅
β Cyg = Albireo	Doppelst.	3,1 + 5,1	34,5	–	6 cm
χ Cyg	veränd.	3,3 – 14,2 (!)	–	407	Auge
β Lyr	veränd.	3,3 – 4,3	–	12,9	Auge
ε Lyr	Vierfach	5,0/6,1/5,2/5,5	209/2,5/2,4	–	8 cm

Hellere nichtstellare Objekte:

Name	Art	Helligkeit (mag)	∅ (arcmin)	Entfernung (Lj)	Instrument ∅
M 29	off. Haufen	6,6	7	4100	6 cm
M 39	off. Haufen	4,6	32	880	4 cm
NGC 6811	off. Haufen	6,8	13	2900	7 cm
NGC 6871	off. Haufen	5,2	20	5400	5 cm
NGC 7063	off. Haufen	7,0	8	2200	7 cm
NGC 7082	off. Haufen	7,2	25	4600	7 cm

Fische

Der römischen Sage nach stürzten sich Venus und ihr Sohn Amor in den Euphrat und verwandelten sich in Fische, um der Verfolgung durch den Riesen Typhon zu entgehen. Sie banden ihre Schwanzflossen zusammen, um sich nicht zu verlieren. Bei den Syrern bezog sich die Geschichte auf die Liebesgöttin Atargatis und bei den Babyloniern auf Ischtar. Der griechische Astronom Eratosthenes (geb. 276 v. Chr.) verfolgte die Fischlegende bis zur syrischen Göttin Derke zurück, die halb Mensch, halb Fisch war.

Die Sternanordnung stellt zwei in verschiedene Richtungen schwimmende Fische dar, die über lange, an den Schwänzen befestigte Bänder verbunden sind.

Im Sternbild Fische liegt heute der Schnittpunkt von Himmelsäquator und Ekliptik, der »Frühlingspunkt«. In diesem Punkt steht die Sonne am Frühlingsanfang.

Das Sternbild enthält nur wenige hellere nichtstellare Himmelsobjekte.

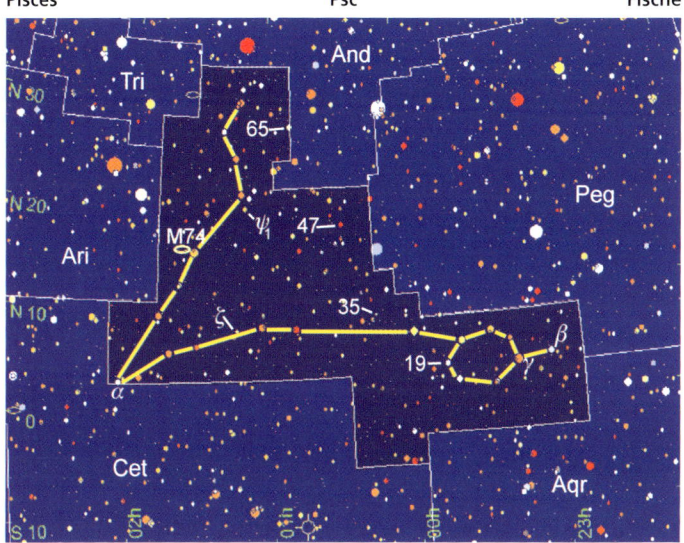

Besondere Sterne:

Name	Art	Helligkeit (mag)	Abstand (arcsec)	Periode (Tage)	Instrument ∅
α Psc = Alrischa	Doppelstern	4,2 + 5,2	1,8	263000	9 cm
ζ Psc	Doppelstern	5,2 + 6,3	22,9	–	6 cm
ψ1 Psc	Doppelstern	5,3 + 5,6	30,0	–	5 cm
19 Psc	veränderlich	4,8 – 5,2	–	unregelm.	Auge
35 Psc	Doppelstern	6,0 – 7,7	11,6	–	6 cm
47 Psc = TV Psc	veränderlich	4,7 – 5,4	–	50 – 85	3 cm
65 Psc	Doppelstern	6,3 + 6,3	4,4	–	6 cm

Hellere nichtstellare Objekte:

Name	Art	Helligkeit (mag)	∅ (arcmin)	Entfernung (Lj)	Instrument ∅
M 74	Galaxie	9,4	12 x 12	30 Mio.	20 cm

Stier

Das Sternbild Stier war bereits den Chaldäern vor 5000 Jahren bekannt. In der griechischen Sage erinnert dieses Sternbild an den Stier,
in den sich Zeus verwandelte, um die schöne Europa zu entführen.
Der offene Sternhaufen der Plejaden (M 45), auch bekannt als
»Siebengestirn«, stellt die sieben Töchter des Titanen Atlas und der
Meeresnymphe Pleione dar. Zeus schützte sie vor den Nachstellungen
des Orion, indem er sie an den Himmel versetzte. Die Hyaden waren in
der griechischen Mythologie ebenfalls Töchter des Atlas. Sie konnten
den Tod ihres Bruders nicht verwinden und wurden an den Himmel
versetzt. Die Araber sahen in den Hyaden kleine weibliche Kamele
und im Aldebaran das große männliche Kamel.
Die Hyaden bilden den uns am nächsten gelegenen Sternhaufen. Er
ist dem Sonnensystem so nah, daß die Eigenbewegung vor den fernen
Sternen des Hintergrundes sehr hoch ist. Doch ist diese Bewegung
noch zu gering, um mit dem bloßen Auge oder kleinen Instrumenten
erkennbar zu sein. Aldebaran gehört nicht dazu, er ist uns noch näher.
Die Plejaden sind der schönste Sternhaufen am Nordhimmel. Bereits
mit dem bloßen Auge sind 5 bis 11 Sterne erkennbar, je nach Luft-
beschaffenheit und Himmelshelligkeit.

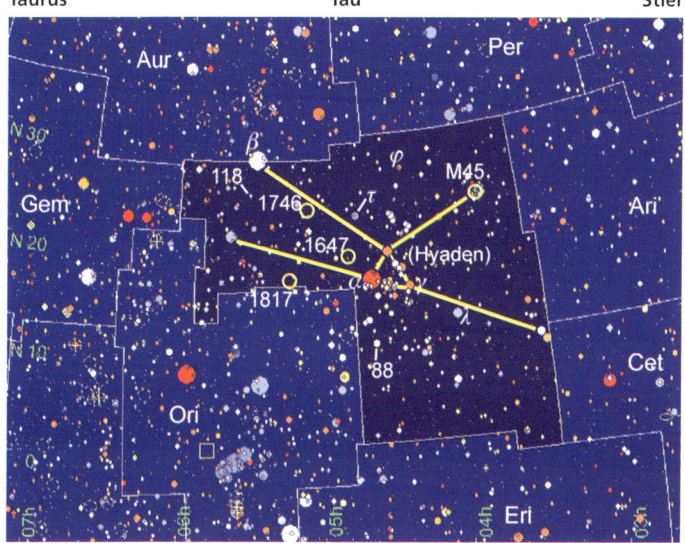

Besondere Sterne:

Name	Art	Helligkeit (mag)	Abstand (arcsec)	Periode (Tage)	Instrument ∅
α Tau = Aldebaran	Hauptstern	0,9	–	–	Auge
λ Tau	veränderlich	3,4 – 3,9	–	3,95	Auge
φ Tau	Doppelstern	5,0 + 8,5	48,3	–	6 cm
τ Tau	Doppelstern	4,3 + 8,6	63	–	6 cm
88 Tau	Doppelstern	4,3 + 7,8	70	–	5 cm
118 Tau	Doppelstern	5,8 + 6,6	4,8	–	6 cm

Hellere nichtstellare Objekte:

Name	Art	Helligkeit (mag)	∅ (arcmin)	Entfernung (Lj)	Instrument ∅
M 45	off. Haufen	1,4	120	410	Auge
Hyaden	off. Haufen	0,8	400	150	Auge
NGC 1647	off. Haufen	6,4	45	1800	4 cm
NGC 1746	off. Haufen	6,1	42	1400	4 cm
NGC 1807	off. Haufen	7,0	17	–	7 cm

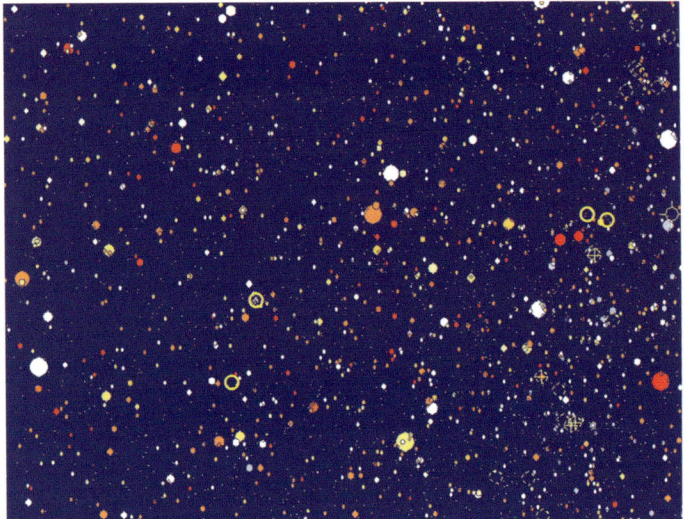

Krebs und Zwillinge

Nach einer griechischen Sage geht das Sternbild auf den Krebs zurück, der Herakles während seines Kampfes mit der Hydra in den Fuß biß, daraufhin durch einen Fußtritt zermalmt und an den Himmel versetzt wurde. In einer anderen Legende versetzte Zeus einen Krebs an den Himmel, weil er die Flucht einer Nymphe aufgehalten hatte.

Das Sternbild der Zwillinge ist nach einer griechischen Sage den Zwillingsbrüdern und Zeus-Söhnen Castor und Polydeukes (Pollux) benannt, die gemeinsam viele Heldentaten im Kampf gegen Gesetzlose vollbrachten. Nach dem Tod seines sterblichen Bruders besuchte der unsterbliche Pollux ihn regelmäßig in der Unterwelt. Die beiden Hauptsterne des Sternbildes tragen ihre Namen.

Praesaepe (M 44) ist einer der bekanntesten offenen Sternhaufen und leicht mit bloßem Auge erkennbar. Castor ist ein interessantes Mehrfach-Sternsystem, das aus sechs Sternen besteht. Drei davon sind in kleinen Instrumenten erkennbar. Alle drei Komponenten sind nochmals doppelt vorhanden.

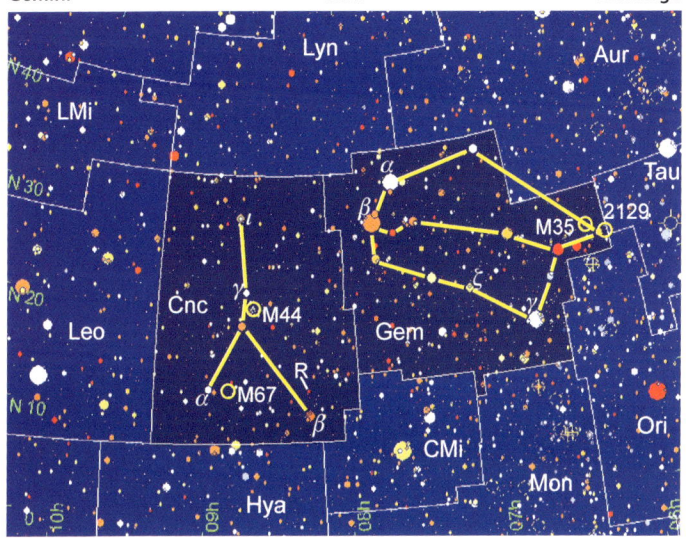

Besondere Sterne:

Name	Art	Helligkeit (mag)	Abstand (arcsec)	Periode (Tage)	Instrument ∅
α Gem = Castor	Mehrfachst.	2,0 + 2,9	3,9	153000	7 cm
	veränderlich	+ 9,1-9,7	73	0,814	9 cm
ζ Gem = Mekbuda	veränderlich	3,9 – 4,3	–	10,15	Auge
	Doppelstern	10,5	101	–	9 cm
ι Cnc	Doppelstern	4,0 + 6,6	30,5	–	5 cm
R Cnc	veränderlich	6,2 – 9,6	–	356	5 cm

Hellere nichtstellare Objekte:

Name	Art	Helligkeit (mag)	∅ (arcmin)	Entfernung (Lj)	Instrument ∅
M 35	off. Haufen	5,1	28	2800	3 cm
M 44	off. Haufen	3,1	95	590	Auge
M 67	off. Haufen	6,9	30	2300	4 cm
NGC 2129	off. Haufen	6,7	7	6500	4 cm

Löwe und Sextant

In Babylonien, Syrien, bei den Juden, Türken und Persern wurde das Sternbild als »Löwe« bezeichnet. In der griechischen Sage steht es für den unverwundbaren Löwen von Nemea auf dem Peloponnes, der die Bewohner von Argolis heimsuchte und von Herakles getötet wurde. Der römische Dichter Ovid bezieht das Sternbild Löwe auf den Löwen, der der Auslöser für den unglücklichen Tod eines Liebespaares war (s. Sternbild »Coma«). Die Ägypter verbanden die Nilschwemme im Hochsommer mit ihm, da dies stattfand, wenn die Sonne in diesem Sternbild stand.

Der Hauptstern Regulus steht ziemlich genau in der Erdbahnebene um die Sonne (Ekliptik) und wird deshalb relativ oft vom Mond und den Planeten bedeckt.

Das Sternbild Sextans wurde 1690 von Hevelius in seinen Himmelsatlas eingetragen. Es soll an das bei einem Feuer zerstörte Meßinstrument erinnern, mit dem Hevelius die Sternpositionen für seinen Atlas bestimmt hat.

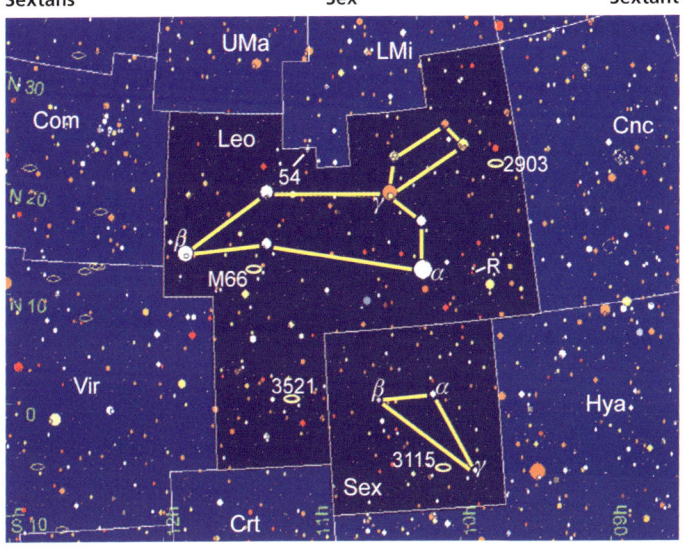

Besondere Sterne:					
Name	Art	Helligkeit (mag)	Abstand (arcsec)	Periode (Tage)	Instrument ∅
α Leo = Regulus	Doppelstern	1,3 + 7,6	176	–	4 cm
γ Leo	Doppelstern	2,4 + 3,6	4,4	226000	6 cm
R Leo	veränderlich	4,4 – 11,3	–	312	Auge
54 Leo	Doppelstern	4,5 + 6,3	6,4	–	6 cm

Hellere nichtstellare Objekte:					
Name	Art	Helligkeit (mag)	∅ (arcmin)	Entfernung (Lj)	Instrument ∅
M 66	Galaxie	8,9	9,0 x 4	30 Mio.	7 cm
NGC 2903	Galaxie	9,0	13,3 x 6	23 Mio.	8 cm
NGC 3115	Galaxie	8,9	8,3 x 3	20 Mio.	7 cm
NGC 3521	Galaxie	9,0	13,5 x 7	23 Mio.	8 cm

117

Herkules

Das Sternbild als solches ist schon länger bekannt. In der babylonischen Sage kennt man seit dem 4. Jahrtausend v. Chr. in Gilgamesch den Helden, der auf einem Bein kniet und den Fuß auf einen Drachenkopf stützt. Im antiken Griechenland um 500 v. Chr. wurde es »Engonasin« – der Kniende, mit einem Fuß auf dem Kopf des Draco, genannt. Herakles ist der größte Held der griechischen Legenden. Durch eine List übertrug die ihm übel gesonnene Hera Herakles zwölf eigentlich unlösbare Aufgaben, die er lösen mußte, um so seinen verlorenen Thron wiederzuerlangen. Herakles gelang es aber durch Kraft, Tapferkeit und Klugheit, alle Aufgaben zu lösen. Viele Beteiligte und Gegenstände der Herakles-Saga sind am Himmel als Sternbilder wiederzufinden: der Nemeische Köwe (Leo), die Wasserschlange Hydra, der Riesenkrebs (Cancer), der Drache Ladon (Draco), der die goldenen Äpfel der Hesperiden bewachte, der Adler (Aquila), der sich an Prometheus' Leber labte und von Herakles mit einem Pfeil (Sagitta) getötet wurde, und der kretische Stier (Taurus), den Herakles einfangen mußte. Hercules ist das fünftgrößte Sternbild am Himmel. Es zeigt uns jedoch nur wenige helle Beobachtungsobjekte. Berühmt ist der kugelförmige Sternhaufen M 13, der bereits mit bloßem Auge gesehen werden kann.

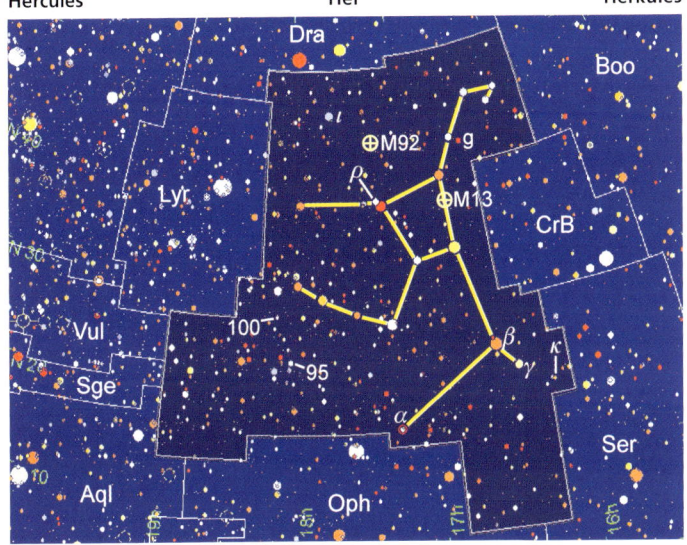

Besondere Sterne:					
Name	Art	Helligkeit (mag)	Abstand (arcsec)	Periode (Tage)	Instrument ∅
α Her = Ras Algethi	veränderlich	2,7 – 3,1	–	50 – 2000	Auge
	Doppelstern	5,4	4,7	–	6 cm
κ Her	Doppelstern	5,0 + 6,3	27,9		4 cm
ρ Her	Doppelstern	4,5 + 5,5	4,2	–	6 cm
g Her	veränderlich	4,3 – 6,3	–	(70 – 90	Auge
95 Her	Doppelstern	4,9 + 5,2	6,2	–	6 cm
100 Her	Doppelstern	5,9 + 5,9	14,2	–	6 cm

Hellere nichtstellare Objekte:					
Name	Art	Helligkeit (mag)	∅ (arcmin)	Entfernung (Lj)	Instrument ∅
M 13	Kugelhaufen	5,7	16,6	23000	Auge
M 92	Kugelhaufen	6,4	11,2	25000	4 cm

119

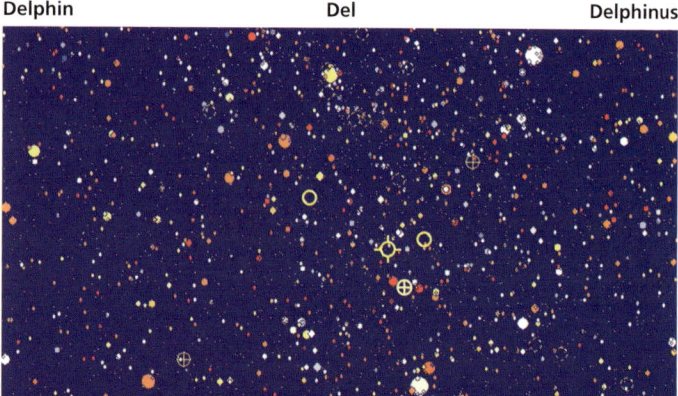

Delphin, Pfeil und Füchslein

Das Sternbild des Delphins erinnert an die Sage von dem Sänger
Arion aus Methymna, der auf einer Seereise in die Hände von Piraten
fiel, die ihn ausraubten und ins Meer warfen. Ein Delphin rettete
ihn an Land. Nach einer anderen Legende versetzte Poseidon den
Delphin aus Dank an den Himmel, weil er ihm die ersehnte Braut zu-
geführt hatte.

Das Sternbild des Pfeils erinnert an die Rettung des an einen Felsen
geketteten Prometheus durch Herakles, der den quälenden Adler
mit einem Pfeil niederstreckte. Auch die Hebräer, Araber, Perser und
Römer sahen in der charakteristischen Sternanordnung einen Pfeil.

Das Sternbild des Füchsleins wurde 1687 von Hevelius eingeführt.
Der Delphin mit seinem Drachenviereck und der schlanke Pfeil sind
gut erkennbar, klein, aber markant. Der Hantelnebel M 27 ist der
hellste Planetarische Nebel des Nordhimmels und einer der schönsten
des ganzen Himmels.

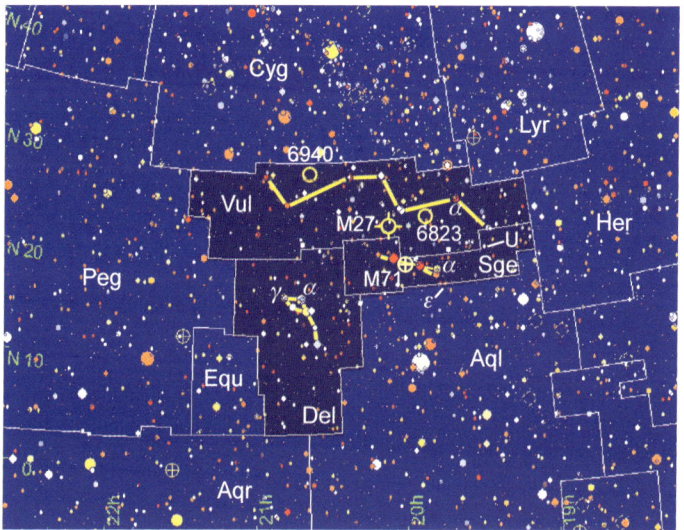

Besondere Sterne:

Name	Art	Helligkeit (mag)	Abstand (arcsec)	Periode (Tage)	Instrument ∅
U Sge	veränderlich	6,5 – 9,1	–	3,38	4 cm
ε Sge	Doppelstern	5,7 + 8	89	–	6 cm
γ Del	Doppelstern	4,3 ı 5,2	9,7	–	6 cm

Hellere nichtstellare Objekte:

Name	Art	Helligkeit (mag)	∅ (arcmin)	Entfernung (Lj)	Instrument ∅
M 27	Planetar. Nebel	7,3	8,0	950	5 cm
M 71	Kugelhaufen	8,0	7,2	18000	8 cm
NGC 6940	off. Haufen	6,3	31	2600	4 cm
NGC 6823	off. Haufen	7,1	12	11300	5 cm

Pegasus und Füllen

Das geflügelte Wunderpferd Pegasus stammt nach der griechischen
Legende vom Meeresgott Poseidon und der Medusa ab. Die Götter
machten es Bellerophontes zum Geschenk, der es einfing und zähmte.
Als dieser nach zahlreichen Abenteuern auf dem Rücken des Pegasus
in das Reich der Götter eindringen wollte, sandte Zeus eine Bremse,
die Pegasus zum Scheuen brachte. Der übermütige Reiter wurde abge-
worfen und Pegasus diente fortan den Göttern.
Das Sternbild des Pegasus ist gut erkennbar durch das große Sternen-
viereck, das den Herbsthimmel beherrscht. Der nordöstliche Stern des
Vierecks zählt jedoch zum Sternbild Andromeda. Beim Stern 51 Pegasi
wiesen die Astronomen 1995 den ersten extrasolaren Planeten nach.
Das Sternbild Füllen ist das zweitkleinste Sternbild am Himmel. Der
erste gesicherte Nachweis stammt aus dem 2. Jahrh. n. Chr. aus dem
Almagest des Ptolemäus. Es erinnert an ein junges Pferd, das nach der
griechischen Sage der Gott Hermes dem Castor zum Geschenk machte.

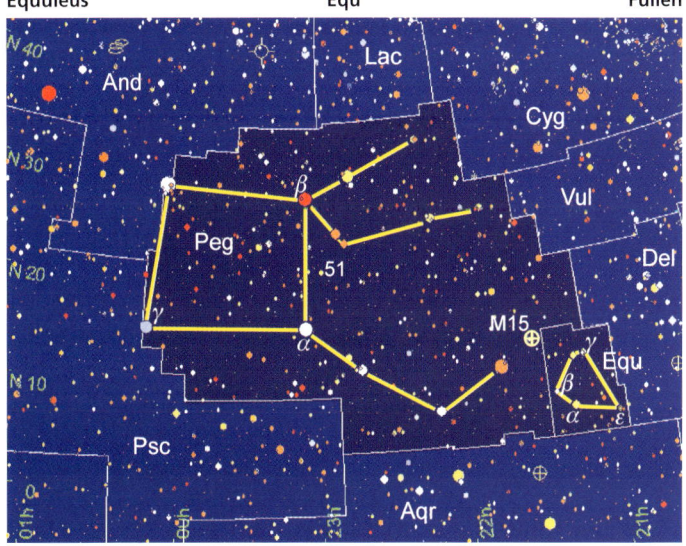

Besondere Sterne:					
Name	Art	Helligkeit (mag)	Abstand (arcsec)	Periode (Tage)	Instrument ∅
α Peg = Markab	–	2,6	–	–	Auge
β Peg = Scheat	veränderlich	2,4 - 2,8	–	unregelmäßig	Auge
51 Peg	Planetensystem	5,5	–	–	Auge
α Equ = Kitalphar	–	3,9	–	–	Auge
ε Equ	Doppelstern	5,1 + 7,1	10,7	–	6 cm

Hellere nichtstellare Objekte:					
Name	Art	Helligkeit (mag)	∅ (arcmin)	Entfernung (Lj)	Instrument ∅
M 15	Kugelhaufen	6,0	12,3	32 000	4 cm

Walfisch

In der griechischen Mythologie war der Cetus kein Walfisch, sondern ein Meeresungeheuer, das von Poseidon geschickt wurde, die Küsten des Königreiches von Äthiopien zu verwüsten. Das Unglück konnte nur abgewendet werden, indem die Königstochter Andromeda dem Untier geopfert wurde. Doch der Held Perseus besiegte das Ungeheuer und befreite Andromeda.

Cetus ist das viertgrößte Sternbild am Himmel, bildet jedoch keine sehr markante Figur. Bekanntestes Objekt im Cetus ist der Stern Mira (σ Ceti), der erste Stern, bei dem eine periodische Lichtveränderung bemerkt wurde, im Jahre 1596 durch Fabricius. Der Lichtwechsel ist mit einer Periode von 332 Tagen langperiodisch. Im Maximum ist der Stern leicht mit bloßem Auge sichtbar. Im Minimum benötigt man ein Teleskop mit mindestens 8 cm Öffnung. Der Stern ist der Namensgeber für eine ganze Gruppe Veränderlicher Sterne mit ähnlicher Lichtkurve. Mira-Sterne gehören zu den Pulsationsveränderlichen. Ihr Durchmesser kann mehrere Milliarden Kilometer betragen.

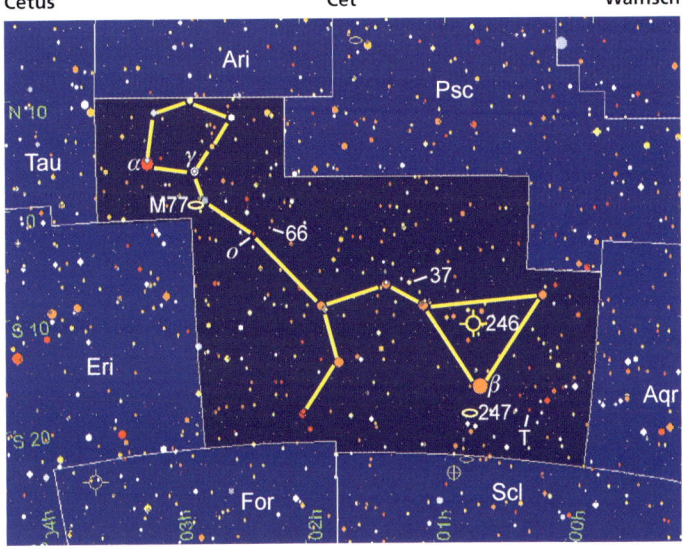

Besondere Sterne:					
Name	Art	Helligkeit (mag)	Abstand (arcsec)	Periode (Tage)	Instrument ∅
σ Cet	veränderlich	≅ 3 – 10	–	332	Auge
γ Cet	Doppelstern	3,6 + 6,2	2,7	–	7 cm
T Cet	veränderlich	5,0 – 6,9	–	≅ 159	3 cm
37 Cet	Doppelstern	5,1 + 7,9	49,7	–	5 cm
66 Cet	Doppelstern	5,7 + 7,6	16,5	–	6 cm

Hellere nichtstellare Objekte:					
Name	Art	Helligkeit (mag)	∅ (arcmin)	Entfernung (Lj)	Instrument ∅
M 77	Galaxie	8,9	9 x 8	50 Mio.	8 cm
NGC 246	Planetar. Nebel	8,5	4,0 x 3,5	–	7 cm
NGC 247	Galaxie	9,1	20 x 7	7 Mio.	10 cm

Orion

Die Orion-Sage hat ihren Ursprung wohl im sumerisch-babylonischen Gilgamesch-Epos (3. vorchr. Jahrtausend). Gilgamesch und sein Freund Enkidu besiegten in heldenhaftem Kampf einen von den Göttern gesandten Stier, der die Stadt Uruk verwüsten sollte. Im griechischen Mythos gibt es verschiedene Legenden um den Himmelsjäger Orion. Eine davon stellt einen Bezug zum Skorpion her, der, von der Erdgöttin gesandt, den prahlerischen Orion mit einem Stich seines Giftstachels tötete. Orion und Skorpion wurden sodann als Sternbilder an entgegengesetzte Enden des Himmels gesetzt. Brasilianische Indianer sahen in der Sternanordnung ein Gestell zum Trocknen von Früchten, die Südseeinsulaner ein Kriegskanu und die Germanen einen Hakenpflug.

In diesem Sternbild finden wir eine sehr große Zahl interessanter Himmelsobjekte, viele Sternhaufen und vor allem leuchtende Gasnebel. Der Orionnebel M 42 ist der bekannteste und war der erste erfolgreich fotografierte Gasnebel am Himmel (Draper, 1880). Der von Großteleskop-Aufnahmen her bekannte Pferdekopfnebel ist eine dunkle Staubwolke vor einem hellen Gasnebel, aber mit kleinen Instrumenten kaum zu sehen.

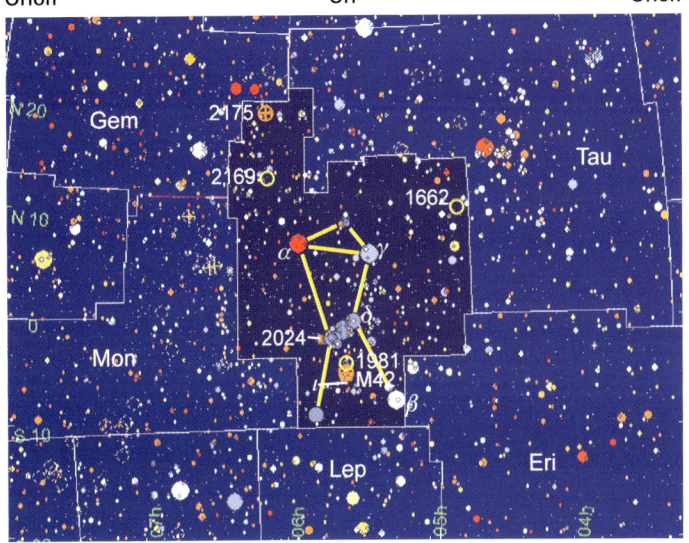

Besondere Sterne:				
Name	Art	Helligkeit (mag)	Abstand (arcsec)	Instrument ∅
α Ori = Beteigeuze	Riesenstern, veränderlich	0,2 – 1,3	(Periode unregelm.)	Auge
β Ori = Rigel	Doppelstern	0,1 + 6,7	9,5	10 cm
δ Ori = Mintaka	Doppelstern	2,2 + 6,7	52,8	4 cm
θ Ori = Trapez	vierfach, in M42	5,4+6,3+6,8+8,3	8,7 – 19,2	6 cm
ι Ori	Doppelstern	2,8 + 6,9	11,3	6 cm

Hellere nichtstellare Objekte:					
Name	Art	Helligkeit (mag)	∅ (arcmin)	Entfernung (Lj)	Instrument ∅
M 42	Gasnebel	4	65	1500	Auge
NGC 1662	off. Haufen	6,4	20	1300	5 cm
NGC 1981	off. Haufen	4,6	25	1500	3 cm
NGC 2024	Nebel	8	30	1500	5 cm
NGC 2169	off. Haufen	5,9	7	3600	4 cm
NGC 2175	Hfn.+Nebel	6,8	18	6400	6 cm

Einhorn und Kleiner Hund

Das Sternbild Einhorn trug zuerst Plancius 1613 auf seinem Himmels-
globus ein. Das Sternbild wird vom Band der Milchstraße durchzogen.
Es enthält so viele helle Sternhaufen, leuchtende Gasnebel und Dunkelwolken, daß hier nur die hellsten und bekanntesten aufgeführt
werden können. Der offene Sternhaufen NGC 2244 ist bereits mit
bloßem Auge erkennbar. Er ist eingebettet in den Rosettennebel,
einen auf Farbfotografien rot leuchtenden Gasnebel. Bei sehr dunklem Himmel und einem sehr lichtstarken Feldstecher lassen sich die
hellsten Partien des Nebels, der etwa die sechsfache Vollmondfläche
bedeckt, auch visuell erfassen. Der Sternhaufen NGC 2264 sitzt ebenfalls in einem Gasnebel, der allerdings von einer konusförmigen Dun-
kelwolke durchzogen wird.

Das Sternbild des Kleinen Hundes besteht eigentlich nur aus dem acht-
hellsten Stern des Himmels: Procyon (α CMi). Nach einer Legende soll
es der treue Hund Maira von Erigone sein, die ihren vermißten Vater
suchte. Als sie ihn von Hirten erschlagen fand, nahm sie sich das
Leben, und auch der Hund starb aus Kummer.

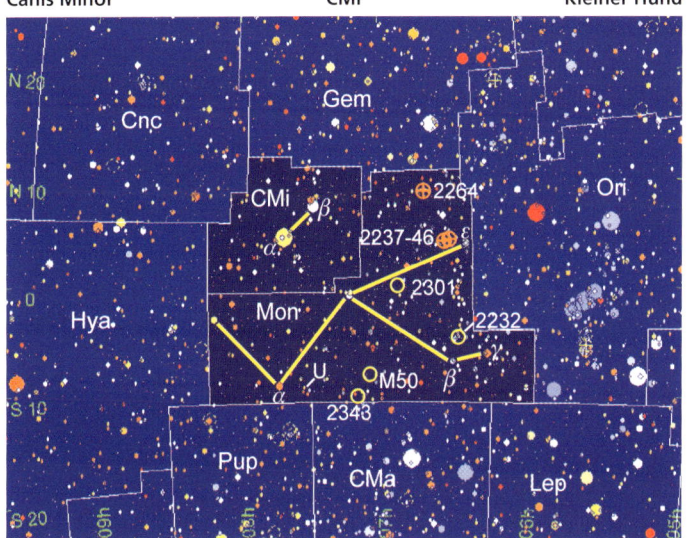

Besondere Sterne:					
Name	Art	Helligkeit (mag)	Abstand (arcsec)	Periode (Tage)	Instrument ∅
β Mon	Doppelstern	4,5 + 5,4 + 5,6	7,3 + 2,8	–	7 cm
ε Mon	Doppelstern	4,4 + 6,7	13,3	–	6 cm
U Mon	veränderlich	5,8 – 7,2	–	(92)	4 cm

Hellere nichtstellare Objekte:					
Name	Art	Helligkeit (mag)	∅ (arcmin)	Entfernung (Lj)	Instrument ∅
M 50	off. Haufen	5,9	16	2400	5 cm
2232	off. Haufen	3,9	30	1300	Auge
2237-46 Rosettennebel	off. Haufen + Nebel	4,8	90	4600	Auge 5 cm
2264 Konusnebel	off. Haufen + Nebel	4,4	60 x 30	30	2800 20 cm	Auge
2301	off. Haufen	6,0	12	2400	4 cm
2343	off. Haufen	6,7	7	3300	5 cm

Jungfrau

Zum Sternbild Virgo gibt es mehrere Sagen. Einmal soll es Ceres, die Göttin des Ackerbaus darstellen, mit einer Ähre in einer Hand, die vom Hauptstern Spica (lat. für Kornähre) symbolisiert wird. Nach einer anderen Legende soll es Erigone, die Tochter des spartanischen Königs Ikarios sein, die mit ihrem treuen Hund Maira ihren vermißten Vater suchte. Als sie ihn von Hirten erschlagen fand, nahm sie sich das Leben, und auch der Hund starb aus Kummer. Zeus versetzte alle als Sternbilder an den Himmel: Erigone als Jungfrau, Ikarios als Bootes und Maira als Prokyon, als Hauptstern im Sternbild Kleiner Hund (Canis Minor). Im Sternbild Jungfrau finden wir einen fernen großen Galaxienhaufen, den sogenannten Virgo-Haufen. Die hellsten der mehr als 3000 Mitgliedergalaxien sind kleinen Instrumenten zugänglich.

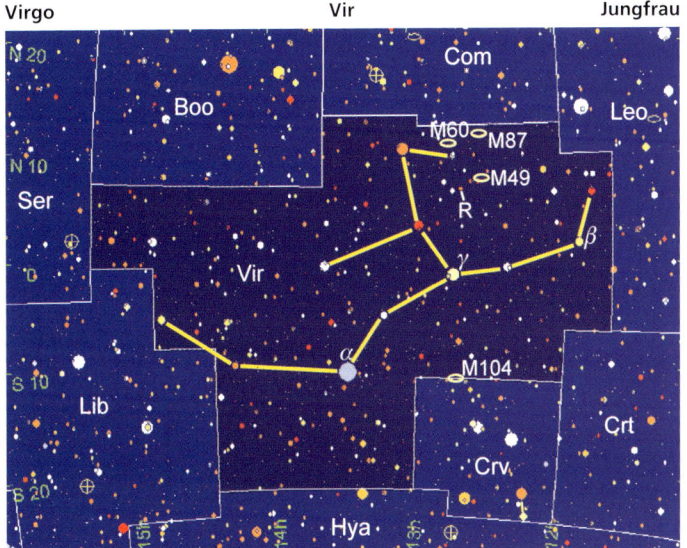

Besondere Sterne:					
Name	Art	Helligkeit (mag)	Abstand (arcsec)	Periode (Tage)	Instrument ∅
α Vir = Spica	Hauptstern	1,0	–	–	Auge
γ Vir = Porrima	Doppelstern	3,7 + 3,7	2	63000	7 cm
R Vir	veränderlich	6,2 – 12,1	–	145,5	5 cm

Hellere nichtstellare Objekte:					
Name	Art	Helligkeit (mag)	∅ (arcmin)	Entfernung (Lj)	Instrument ∅
M 49	Galaxie	8,4	8,1 x 7,1	42 Mio	7 cm
M 60	Galaxie	8,8	7,1 x 6,1	42 Mio	8 cm
M 87	Galaxie	8,6	7,1 x 7,1	42 Mio	7 cm
M 104	Galaxie	8,0	7,1 x 4,4	40 Mio	6 cm

Schlange

Das Sternbild ist zweigeteilt in Serpens Caput (Kopf der Schlange) und
Serpens Cauda (Schwanz der Schlange). Dazwischen liegt das Sternbild
des Ophiuchus (Schlangenträger), um dessen Beine und Hüfte sich die
Schlange windet.
Nach der Überlieferung fiel Glaukos, der Sohn des kretischen Königs
Minos, in ein Honigfaß und erstickte. Der Seher Polyeidos entdeckte
ein Mittel zur Wiederbelebung von Glaukos: Er tötete eine Schlange
und beobachtete eine zweite Schlange, die mit Kräutern die erste
Schlange wiederbelebte. Polyeidos wandte dasselbe Mittel bei Glau-
kos an und hatte Erfolg.
Eine andere Legende schrieb diese Heilung Asklepios (Äskulap) zu, der
von Zeus durch einen Blitz getötet wurde.
Für die Babylonier verkörperten die Sternbilder Schlange und Schlangenträger den Sonnengott Marduk im Kampf mit dem Drachen
Tiamat.

132

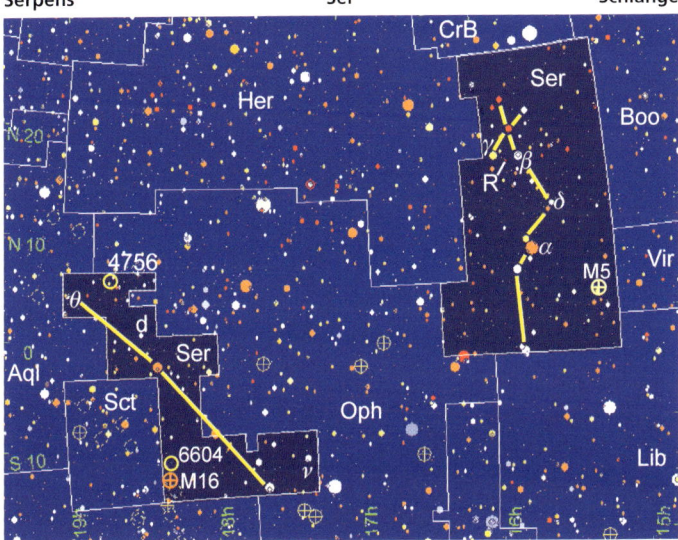

Besondere Sterne:					
Name	Art	Helligkeit (mag)	Abstand (arcsec)	Periode (Tage)	Instrument ∅
α Ser =Unukalhai	–	2,8	–	–	Auge
β Ser	Doppelstern	3,7 + 9	31	–	7 cm
ν Ser	Dopelstern	4,3 + 8,3	46	–	6 cm
ϑ Ser =Alya	Doppelstern	4,5 + 5,4	22,4	–	6 cm
δ Ser	Doppelstern	4,2 + 5,2	4,4	–	6 cm
R Ser	veränderlich	6,4 – 10,9	–	355,5	5 cm
d Ser	veränderlich Doppelstern	4,8 – 5,7 + 7,6	– 3,7	unregelm.	7 cm

Hellere nichtstellare Objekte:					
Name	Art	Helligkeit (mag)	∅ (arcmin)	Entfernung (Lj)	Instrument ∅
M 5	Kugelhaufen	5,7	18	26000	4 cm
M 16	Nebel + Sternhfn.	6,0	28 x 35	8000	4 cm
IC 4756	off. Haufen	4,6	52	1500	4 cm
NGC 6604	off. Haufen	6,5	4	5300	6 cm

133

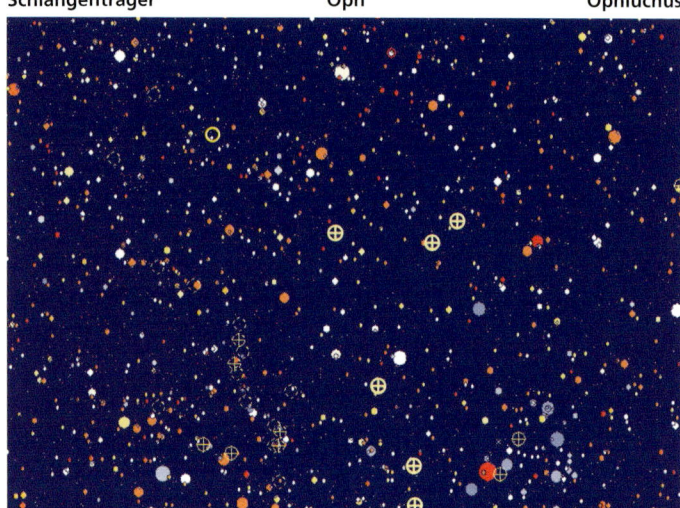

Schlangenträger

Das Sternbild des Ophiuchus ist umrahmt von den beiden Teilen
des Sternbildes Serpens (Schlange), die sich um Beine und Hüfte des
Schlangenträgers windet.

Asklepios (Äskulap) wurde durch »Kaiserschnitt« aus seiner ermorde-
ten Mutter Koronis geboren und vom Centauren Chiron aufgezogen,
der ihn in die Heilkunst einweihte. Asklepios war durch seine Fähig-
keit, Tote zu erwecken, eine Bedrohung für die Unterwelt, wurde von
Zeus durch einen Blitz getötet und als Sternbild Ophiuchus an den
Himmel versetzt.

Nach einer anderen Überlieferung fiel Glaukos, der Sohn des kretischen Königs Minos, in ein Honigfaß und erstickte. Der Seher Polyeidos entdeckte ein Mittel zur Wiederbelebung von Glaukos: Er tötete
eine Schlange und beobachtete eine zweite Schlange, die mit Kräutern die erste Schlange wiederbelebte. Polyeidos wandte dasselbe
Mittel bei Glaukos an und hatte Erfolg.

Für die Babylonier verkörperten die Sternbilder Schlange und
Schlangenträger den Sonnengott Marduk im Kampf mit dem Drachen
Tiamat.

Besondere Sterne:

Name	Art	Helligkeit (mag)	Abstand (arcsec)	Periode (Tage)	Instrument ∅
χ Oph	veränderlich	4,2 – 5,0	–	unregelm.	Auge
o Oph	Doppelstern	5,2 + 6,8	10,3	–	6 cm
ρ Oph	Doppelstern	5,0 + 5,7	2,8	–	7 cm
36 Oph	Doppelstern	5,1 + 5,1	5,0	–	6 cm
61 Oph	Doppelstern	6,2 + 6,6	20,6	–	6 cm
70 Oph	Doppelstern	4,2 + 6,0	3,8	–	6 cm

Hellere nichtstellare Objekte:

Name	Art	Helligkeit (mag)	∅ (arcmin)	Entfernung (Lj)	Instrument ∅
M 9	Kugelhaufen	7,9	9,3	24000	6 cm
M 10	Kugelhaufen	6,6	15,1	15000	5 cm
M 12	Kugelhaufen	6,6	14,5	17000	5 cm
M 14	Kugelhaufen	7,6	11,7	33000	6 cm
M 19	Kugelhaufen	7,2	13,5	35000	6 cm
M 62	Kugelhaufen	6,6	14,1	20000	5 cm
NGC 6633	off. Haufen	4,6	27,0	1100	3 cm

Adler und Schild

Das Sternbild erinnert an den Adler aus der griechischen Herakles-
Sage. Herakles (Hercules) befreite den an einen Felsen geketteten
Prometheus, indem er den ihn quälenden Adler (Aquila) mit einem
Pfeil (Sagitta) niederstreckte. Eine andere Sage bezieht das Sternbild auf den Adler, der den Jüngling Ganymed zu Zeus brachte, um
ihm zu dienen. Nach einem hinduistischen Mythos hinterließ der
Gott Wischnu in den Sternen hier seinen Fußabdruck. Auch die Sumerer und Babylonier nannten den Hauptstern Atair »Adlerstern«. Auf
mesopotamischen Steintafeln von 1200 v. Chr. ist das Sternbild dargestellt.
Das Sternbild Schild (Scutum Sobiescianum) wurde von Hevelius 1687
eingeführt, in Erinnerung an die siegreiche Schlacht am Kahlenberg
1683. Auffälligstes Objekt dieses kleinen Sternbildes ist eine helle
Milchstraßenwolke, die an die Form eines dreieckigen Schildes
erinnert. An einer Ecke der Wolke steht der schöne offene Sternhaufen M 11.

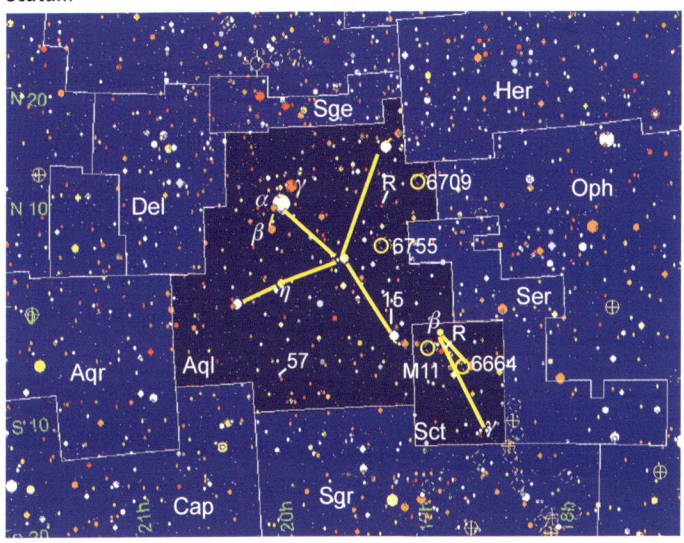

Besondere Sterne:

Name	Art	Helligkeit (mag)	Abstand (arcsec)	Periode (Tage)	Instrument ∅
η Aql	veränderlich	3,6 – 4,4	–	7,18	Auge
15 Aql	Doppelstern	5,4 + 7,2	39	–	4 cm
57 Aql	Doppelstern	5,7 + 6,5	35,7	–	4 cm
R Aql	veränderlich	5,6 – 12,0	–	284 – 277	4 cm
R Sct	veränderlich	4,4 – 8,2	–	≅ 140	Auge

Hellere nichtstellare Objekte:

Name	Art	Helligkeit (mag)	∅ (arcmin)	Entfernung (Lj)	Instrument ∅
M 11	off. Haufen	5,8	13	5600	4 cm
NGC 6664	off. Haufen	7,8	16	4460	8 cm
NGC 6709	off. Haufen	6,7	13	3100	6 cm
NGC 6755	off. Haufen	7,5	15	4900	6 cm

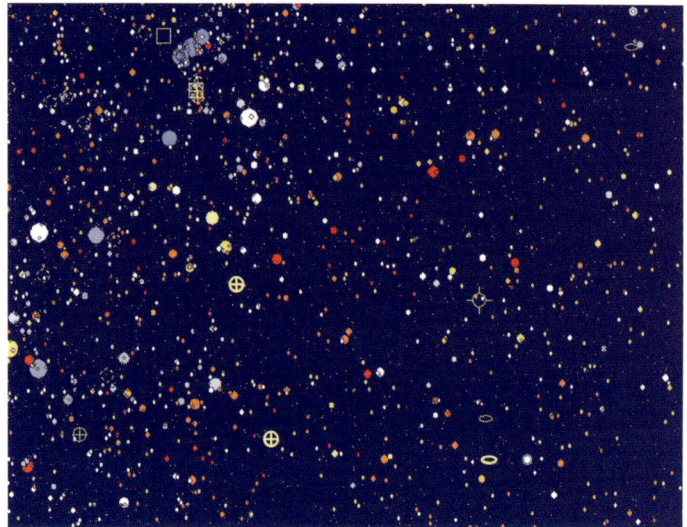

Taube, Hase und Eridanus (Nord)

Das Sternbild Columba ist der Taube gewidmet, die Noah aus der
Arche sandte, um die Erde zu erkunden. Es wurde um 1600 von Plan-
cius eingeführt. Man kann darin auch die Taube sehen, die den
Argonauten den sicheren Weg zwischen den Felsen der Symplegaden
(Bosporus) wies. Die südlichsten Teile des Sternbildes sind von 50°
nördlicher Breite nicht sichtbar.

Das Sternbild des Hasen bildet mit dem Himmelsjäger Orion und dem
Großen Hund (Canis Major) eine Gruppe, die die Jagd symbolisiert.
Phaeton, der Sohn des Sonnengottes Helios, stürzte in den Fluß Erida-
nos, als er sich von seinem Vater den Sonnenwagen lieh. Er kam nämlich der Erde zu nahe und verbrannte die Oberfläche. Zeus stoppte ihn
mit einem Blitz, der Phaeton brennend in den Fluß stürzte. Der verbrannte Himmelsstreifen, den der Unglückliche zurückließ, ist noch
heute als Milchstraße am Himmel zu erkennen. Das Sternbild ist so
ausgedehnt, daß es auf zwei Doppelseiten dargestellt werden muß.

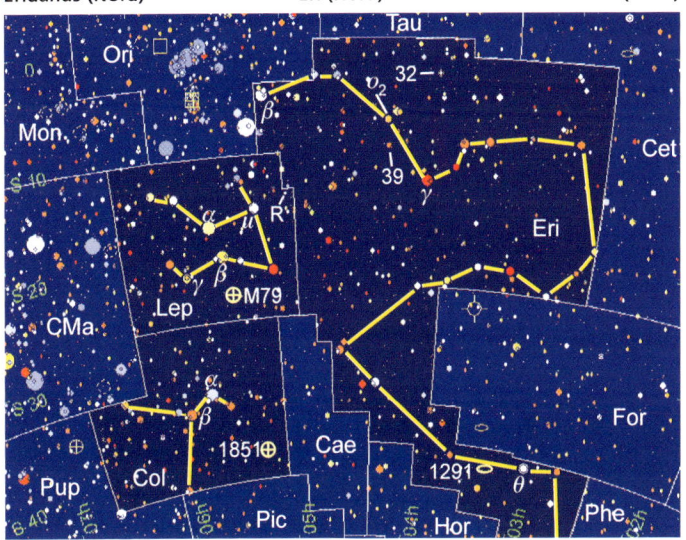

Besondere Sterne:

Name	Art	Helligkeit (mag)	Abstand (arcsec)	Periode (Tage)	Instrument ∅
θ Eri	Doppelstern	3,3 + 4,4	8,2	–	6 cm
o2 Eri	Doppelstern	4,4 + 9,5	82,8	–	7 cm
32 Eri	Doppelstern	4,8 + 6,1	6,8	–	6 cm
39 Eri	Doppelstern	4,9 + 8,0	6,4	–	6 cm
γ Lep	Doppelstern	3,6 + 6,2	97	–	3 cm
μ Lep	veränderlich	3,0 – 3,4	–	≅ 2	Auge
R Lep	veränderlich	5,5 – 11,7	–	432	3 cm

Hellere nichtstellare Objekte:

Name	Art	Helligkeit (mag)	∅ (arcmin)	Entfernung (Lj)	Instrument ∅
M 79	Kugelhaufen	8,4	7,8	42000	7 cm
NGC 1291	Galaxie	8,5	10,5 x 9	30 Mio.	7 cm
NGC 1851	Kugelhaufen	7,3	11	39000	6 cm

Grabstichel, Eridanus (Süd), Pendeluhr und Malerstaffelei

Das Sternbild Eridanus ist auch von 38° nördlicher Breite aus nicht vollständig sichtbar. Der Hauptstern Achernar (α Eridani) bleibt auch hier unter dem Horizont. Die Sternbilder Caelum, Horologium und Pictor wurden von Lacaille 1751 -1752 eingeführt. Caelum ist von Mitteleuropa aus zur Hälfte beobachtbar, kommt auf 38° nördlicher Breite jedoch vollständig über den Horizont. Das Sternbild Horologium ist auch von 38° nördlicher Breite aus nicht vollständig sichtbar, nur die Teile nördlich des Sterns η Horologii. In Mitteleuropa kommt nur der nördlichste Zipfel über den Horizont. Auch der Kugelhaufen NGC 1261 ist erst von noch südlicheren Breiten aus sichtbar. Das Sternbild Pictor ist von 38° nördlicher Breite ebenfalls nicht vollständig sichtbar, nur die Teile nördlich des Sterns β Pictoris. In Mitteleuropa kommt es gar nicht über den Horizont. Beschrieben sind hier die Objekte, die nördlich von 38° nördlicher Breite sichtbar sind.

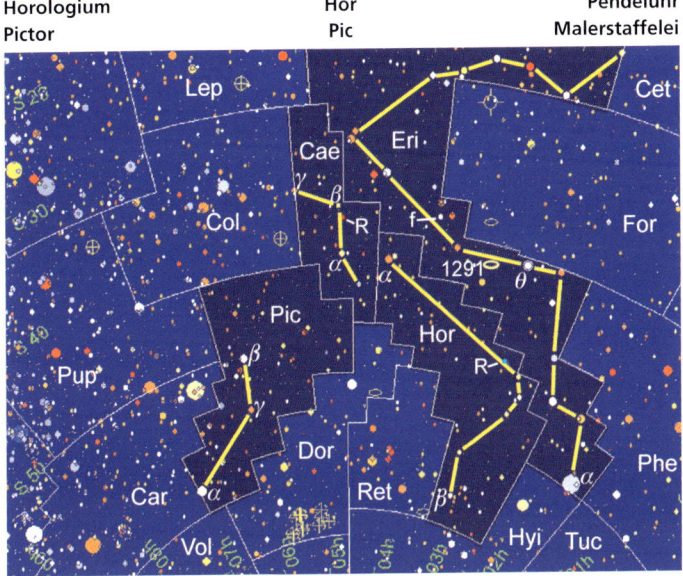

Besondere Sterne:					
Name	Art	Helligkeit (mag)	Abstand (arcsec)	Periode (Tage)	Instrument ∅
R Cae	veränderlich	6,7 – 13,7	–	390	5 cm
R Hor	veränderlich	4,7 – 14,3	–	405	3 cm
f Fri	Doppelstern	4,8 + 5,4	8,1	–	6 cm
θ Eri	Doppelstern	3,3 + 4,4	8,2	–	6 cm

Hellere nichtstellare Objekte:					
Name	Art	Helligkeit (mag)	∅ (arcmin)	Entfernung (Lj)	Instrument ∅
NGC 1291	Galaxie	8,5	10,5 x 9	30 Mio.	7 cm

Großer Hund

Das recht auffällige Sternbild das Großen Hundes war bereits lange vor Ptolemäus als solches bekannt. Sirius (= α Canis Majoris) war der sogenannte »Hundsstern« oder »Stern der Isis«, der zur Zeit der ägyptischen Pharaonen alljährlich wenige Wochen vor Beginn der Nilüberschwemmungen kurz vor Sonnenaufgang am Morgenhimmel sichtbar wurde (heliakischer Aufgang). Die Griechen übernahmen das alte Sternbild in ihre Mythologie und sahen den Hund als Begleiter des Himmelsjägers Orion. In der mesopotamischen Legende gab es einen Hund, der einem Riesen (Orion) auf den Fersen folgt und sich auf den Hasen (Lepus) stürzt. Der römische Dichter Ovid sieht darin Maira, den treuen Hund des Ikarios (Bootes). Für die Chinesen war Sirius »T'ienlang", der Himmlische Schakal.

Sirius ist der hellste Stern am Himmel und zeigt uns durch seine hohe Eigenbewegung seine große Nähe: er ist nur 8,7 Lichtjahre entfernt und bewegt sich in 1000 Jahren um 20 Bogenminuten vor den Sternen des Hintergrundes vorbei. Dazu ist er ein Doppelstern. Der mit fast 9 mag sehr schwache Begleitstern wird durch den -1,5 mag hellen Hauptstern jedoch stark überstrahlt, so daß er mit kleinen Instrumenten nicht beobachtbar ist.

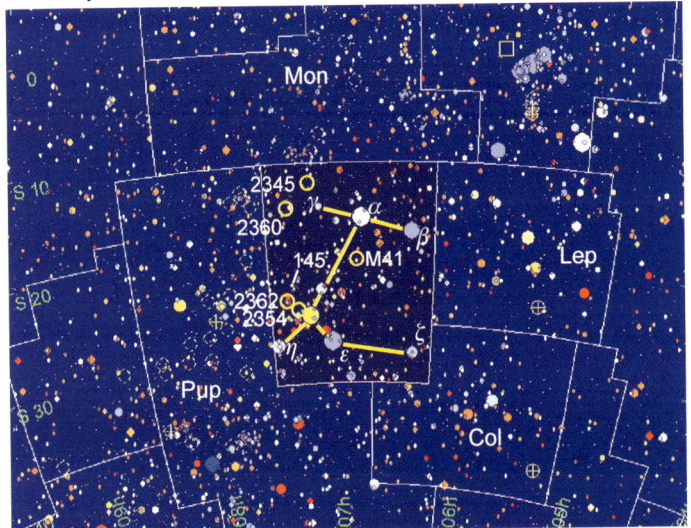

Besondere Sterne:				
Name	Art	Helligkeit (mag)	Abstand (arcsec)	Instrument ⌀
ε CMa	Doppelstern	1,5 + 7,5	7,5	6 cm
ξ CMa	Doppelstern	3,0 + 7,6	176	4 cm
η CMa	Doppelstern	2,4 + 7,0	180	5 cm
145 CMa	Doppelstern	4,7 + 6,5	26,4	6 cm

Hellere nichtstellare Objekte:					
Name	Art	Helligkeit (mag)	⌀ (arcmin)	Entfernung (Lj)	Instrument ⌀
M 41	off. Haufen	4,5	38	2400	Auge
NGC 2345	off. Haufen	7,7	12	5900	6 cm
NGC 2354	off. Haufen	6,5	20	6000	5 cm
NGC 2360	off. Haufen	7,2	13	5300	5 cm
NGC 2362	off. Haufen	4,1	8	5100	Auge

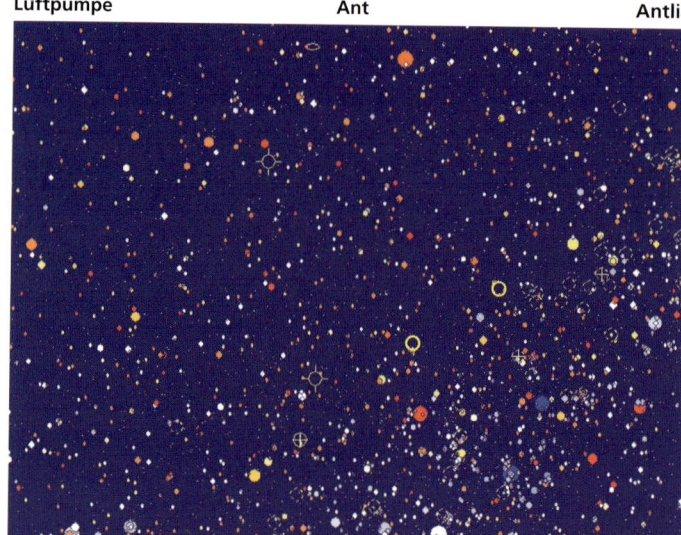

Luftpumpe und Kompaß

Das Sternbild Luftpumpe (Antlia Pneumatica) war früher Teil des nicht mehr existierenden Sternbildes des Schiffes »Argo«, das heute auf mehrere kleinere Sternbilder verteilt ist. Lacialle führte es 1756 unter seinem heutigen Namen ein. Es sollte an die von Otto von Guericke 1650 erfundene Luftpumpe erinnern.

Das Sternbild Kompaß (Pyxis) gehört ebenfalls zum Zyklus des alten Sternbildes »Argo«. Es wurde jedoch bereits vor der Aufteilung des Sternbildes Argo eingeführt. Pyxis war zuerst von Lacaille als »Malus«, der Mastbaum, bezeichnet, erhielt dann später seinen heutigen Namen.

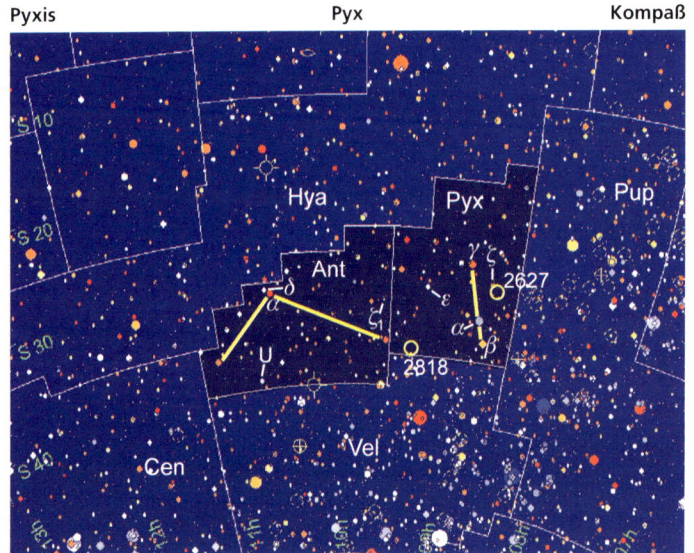

Besondere Sterne:					
Name	Art	Helligkeit (mag)	Abstand (arcsec)	Periode (Tage)	Instrument ∅
ζ1 Ant	Doppelstern	6,0 + 6,5	8,0	–	6 cm
δ Ant	Doppelstern	6 + 9,5	11,0	–	7 cm
U Ant	veränderlich	5,7 – 6,8	–	≅ 170	3 cm
ε Pyx	Doppelstern	5,5 + 9,5	17,8	–	7 cm
ζ Pyx	Doppelstern	5,5 + 10	52,3	–	8 cm

Hellere nichtstellare Objekte:					
Name	Art	Helligkeit (mag)	∅ (arcmin)	Entfernung (Lj)	Instrument ∅
NGC 2627	off. Haufen	8,4	11	–	7 cm
NGC 2818	off. Haufen	8,2	9	10500	6 cm

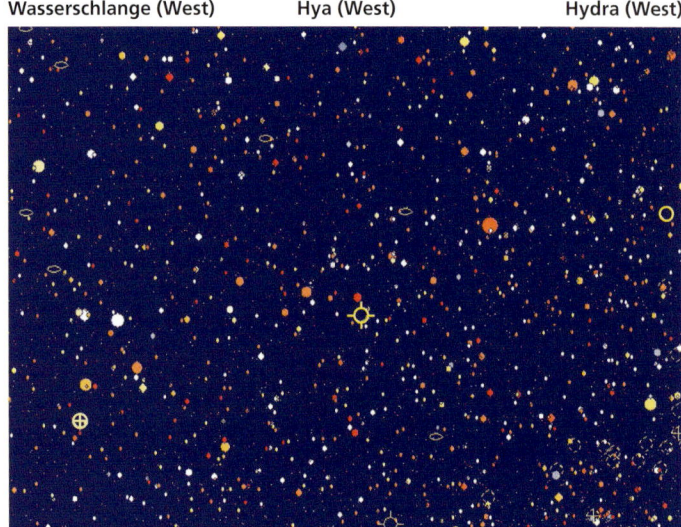

Wasserschlange (West), Becher und Rabe

Hydra ist ein altes Sternbild. In einer Legende aus der Zeit
um 1200 v. Chr. in Mesopotamien entspricht sie der urzeitlichen
Wasserschlange Tiamat, die im großen Krieg der Götter von
Marduk getötet wurde. Bekannt ist die Hydra in der Herakles-Sage.
Herakles tötete die neunköpfige Hydra als eine der zwölf ihm von
der Göttermutter Hera gestellten Aufgaben. Die drei Sternbilder
Rabe (Corvus), Becher (Crater) und Hydra (Wasserschlange) haben
auch einen gemeinsamen Ursprung in der von Ovid erdachten
Fabel: Apollo befahl einem Raben, ihm in einem goldenen Becher
Wasser zu holen. Doch der Rabe war faul, und als er sehr spät
zurückkehrte, log er, eine Wasserschlange habe ihn am Wasser-
schöpfen gehindert.
Das Sternbild Hydra ist das größte Sternbild am Himmel. Es erstreckt
sich über 100 Grad, d. i. fast ein Drittel des Himmels, und muß an
dieser Stelle deshalb in zwei Teilen (West = Kopf und Ost = Schwanz
der Schlange) dargestellt werden. Da es nur aus relativ lichtschwachen Sternen besteht, ist es nicht leicht zu erkennen.

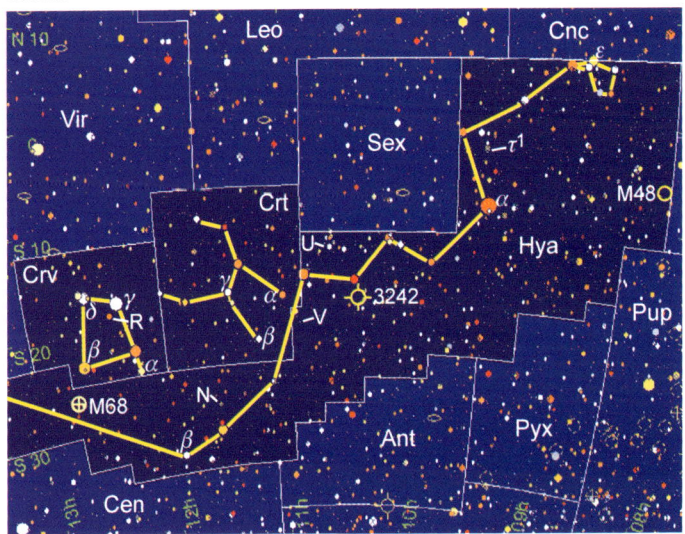

Besondere Sterne:

Name	Art	Helligkeit (mag)	Abstand (arcsec)	Periode (Tage)	Instrument ⌀
ε Hya	Doppelstern	3,4 + 7,0	2,7	–	7 cm
τ1 Hya	Doppelstern	4,6 + 7,6	66	–	6 cm
N Hya	Doppelstern	5,6 + 5,8	9,2	–	6 cm
U Hya	veränderlich	4,7 – 6,2	–	≅ 450	Auge
V Hya	veränderlich	6,5 – 12,5	–	unregelm.	5 cm
δ Crv = Algorab	Doppelstern	3,0 + 8	24	–	6 cm
R Crv	veränderlich	6,7 – 14,4	–	≅ 300	5 cm

Hellere nichtstellare Objekte:

Name	Art	Helligkeit (mag)	⌀ (arcmin)	Entfernung (Lj)	Instrument ⌀
M 48	off. Haufen	5,8	54	2000	4 cm
M 68	Kugelhaufen	8,2	9,8	31000	7 cm
NGC 3242	Planetar. Nebel	8	0,75	1900	7 cm

Wasserschlange (Ost) und Waage

Das Sternbild Hydra ist das größte Sternbild am Himmel. Es erstreckt sich über 100 Grad und muß an dieser Stelle deshalb in zwei Teilen (West = Kopf und Ost = Schwanz der Schlange) dargestellt werden. Da es nur aus relativ lichtschwachen Sternen besteht, ist es nicht leicht zu erkennen.

Die Hydra (Endung auf -a) ist eine weibliche Wasserschlange. Das Sternbild sollte nicht verwechselt werden mit dem Sternbild Hydrus am Südhimmel (Endung auf -us = männliche Wasserschlange).

Die mit dem Sternbild verbundenen Legenden sind auf der vorhergehenden Doppelseite angerissen.

Das Sternbild Libra wurde im 1. Jahrh. v. Chr. von den Römern eingeführt. Es gibt jedoch Hinweise, daß die Sumerer vor 4000 Jahren diese Sternansammlung bereits »Waage des Himmels« nannten. Aufgrund der Präzession (s. Seite 46) lag der Herbstpunkt mit Tag- und Nachtgleiche damals in diesem Sternbild (heute: in Virgo).

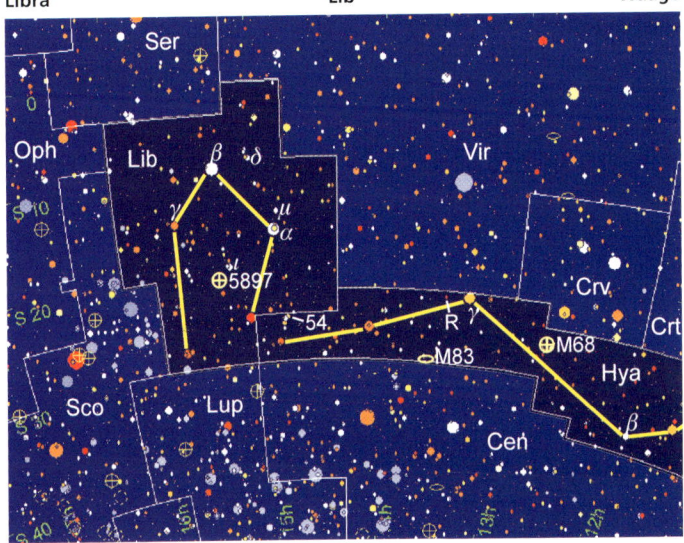

Besondere Sterne:					
Name	Art	Helligkeit (mag)	Abstand (arcsec)	Periode (Tage)	Instrument ⌀
R Hya	veränderlich	3,5 – 10,9	–	387	Auge
54 Hya	Doppelstern	5,1 + 7,0	8,3	–	6 cm
δ Lib	veränderlich	4,8 – 5,9	–	2,32	3 cm
ι Lib	Doppelstern	4,7 + 9,7	59	–	7 cm
μ Lib	Doppelstern	5,7 + 6,6	2,0	–	7 cm

Hellere nichtstellare Objekte:					
Name	Art	Helligkeit (mag)	⌀ (arcmin)	Entfernung (Lj)	Instrument ⌀
M 68	Kugelhaufen	8,2	9,8	40000	7 cm
M 83	Galaxie	8,2	10	15 Mio.	7 cm
NGC 5897	Kugelhaufen	8,6	12,6	38000	8 cm

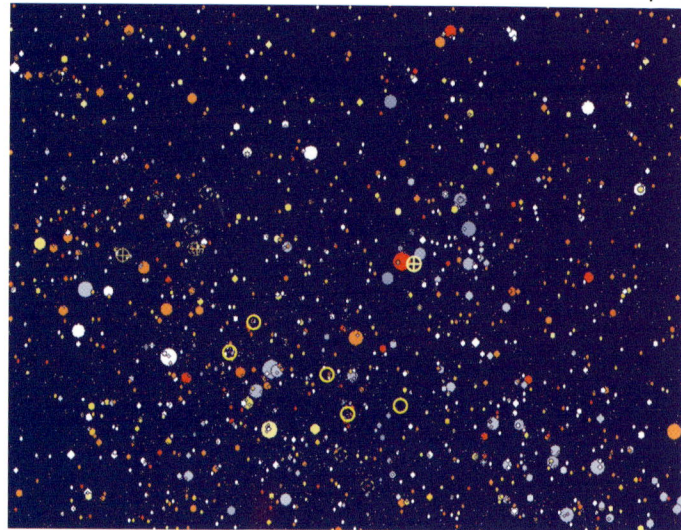

Skorpion

Das Sternbild des Skorpions ist eines der am leichtesten erkennbaren Sternbilder. Im kaukasisch-mesopotamischen Raum ist das Sternbild seit mehr als 5000 Jahren als solches bekannt. Der Sage nach ist es der Skorpion, der auf Befehl der Göttin Artemis den Jäger Orion durch einen Biß tötete, weil dieser durch hochmütige Reden den Zorn der Göttin erregt hatte. Er befindet sich nun dem Himmelsjäger Orion am Himmel genau gegenüber, der ihm stets zu entfliehen versucht, indem er im Westen untergeht, wenn der Skorpion im Osten erscheint. Bei den Maori ist der Stachel des Skorpions ein Fischerhaken: Als der Held Maui beim Fischen ein Stück Land aus dem Ozean zog, zerrte er so gewaltig an dem Haken, daß dieser heraus und an den Himmel flog, wo er noch heute zu sehen ist.

Der hellste Stern, Antares (α Scorpii), fällt durch seine rote Farbe auf, die an die Farbe des Planeten Mars (griechischer Gott des Krieges: Ares) erinnert. Zwischen Antares und dem Stern ζ Ophiuchi (im Sternbild Schlangenträger = Ophiuchus) finden sich sehr dichte Dunkelwolken, in denen kein einziger Stern erkennbar ist. Leider ist das Sternbild von 50° nördlicher Breite aus nicht vollständig sichtbar.

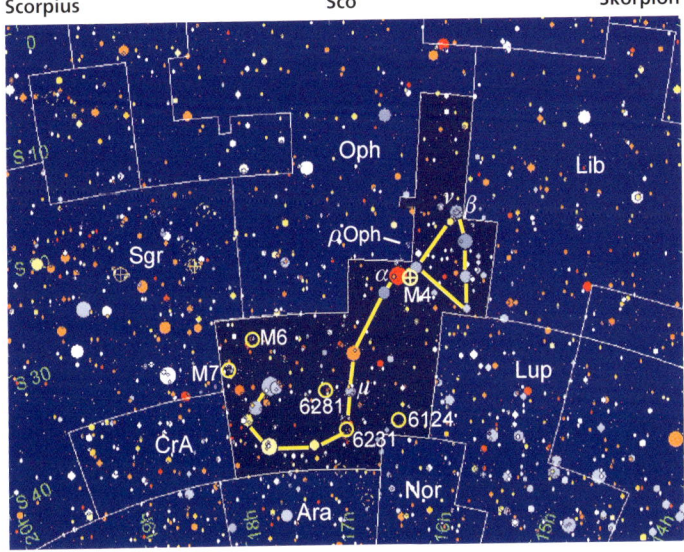

Scorpius   Sco   Skorpion

Besondere Sterne:					
Name	Art	Helligkeit (mag)	Abstand (arcsec)	Periode (Tage)	Instrument ∅
α Sco = Antares	veränderlich Doppelstern	1 – 2 + 5,5	– 2,7	≅ 1600 –	Auge 8 cm
β Sco	Doppelstern	2,6 + 4,9	13,6	–	6 cm
ν Sco	Dreifach	4,0 + 6,7 + 7,8	41,1 + 2,7	–	5 cm
μ Sco	Doppelstern	3 + 4	350	–	Auge

Hellere nichtstellare Objekte:					
Name	Art	Helligkeit (mag)	∅ (arcmin)	Entfernung (Lj)	Instrument ∅
M 4	Kugelhaufen	5,9	26,3	6800	4 cm
M 6	off. Haufen	4,2	15	2000	Auge
M 7	off. Haufen	3,3	80	780	Auge
NGC 6124	off. Haufen	5,8	29	1600	4 cm
NGC 6231	off. Haufen	2,6	15	6500	Auge
NGC 6281	off. Haufen	5,4	8	2000	3 cm

Schütze

Sagittarius soll nach der Sage an den weisen Zentauren Chiron erinnern, ebenso wie nach anderen Quellen das Sternbild Centaurus. Griechische Legenden schreiben das Sternbild dem Jäger Krotos zu, der die Kunst des Bogenschießens erfunden haben soll und gern zur Jagd geritten ist. Deshalb wurde er gern als Zentaur gesehen. Das Sternbild des Bogenschützen oder Reiters war als solches bereits den Sumerern bekannt, ebenso den alten Ägyptern und in Indien. In Mesopotamien ging das Sternbild auf den Schützengott Nergal zurück, der mit der rachsüchtigen Kriegs- und Feuergöttin Irra in Verbindung stand. In Nordamerika wird das Sternbild heute oft profan »teapot«, Teekanne, genannt, eine Form, an die diese Sternanordnung tatsächlich erinnert. Das Sternbild Sagittarius ist das objektreichste am Himmel. Leider ist es von 50° nördlicher Breite aus nicht ganz sichtbar. Das Zentrum unserer Milchstraße ist hier hinter Dunkelwolken verborgen 27000 Lichtjahre entfernt. Zu den schönsten Himmelsobjekten überhaupt zählen der Lagunennebel (M 8), der Omeganebel (M 17) und der Trifidnebel (M 20), die bereits mit dem bloßen Auge oder einem kleinen Fernglas erkennbar sind.

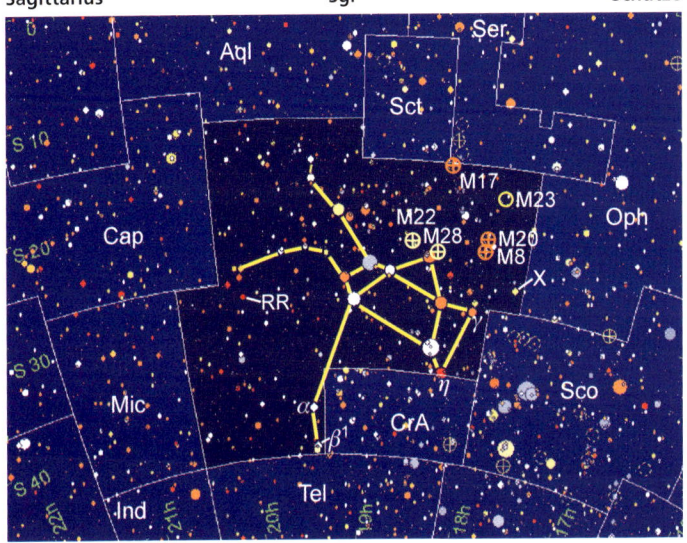

Besondere Sterne:

Name	Art	Helligkeit (mag)	Abstand (arcsec)	Periode (Tage)	Instrument ∅
α1 Sgr	Doppelstern	4,0 + 7,2	28,3	–	5 cm
η Sgr	Doppelstern	3,1 + 7,8	3,6	–	6 cm
RR Sgr	veränderlich	6,0 – 14	–	334,6	4 cm
X Sgr	veränderlich	5,0 – 6,1	–	7,01	3 cm

Hellere nichtstellare Objekte:

Name	Art	Helligkeit (mag)	∅ (arcmin)	Entfernung (Lj)	Instrument ∅
M 8	Gasnebel + Hfn.	4,6	80 x 40	5500	Auge
M 17	Gasnebel + Hfn.	6,0	11	4900	3 cm
M 20	Gasnebel + Hfn.	6,3	28	5200	4 cm
M 22	Kugelhaufen	5,1	24	10000	3 cm
M 23	offener Haufen	5,5	27	2200	3 cm
M 28	Kugelhaufen	6,9	15	19000	5 cm

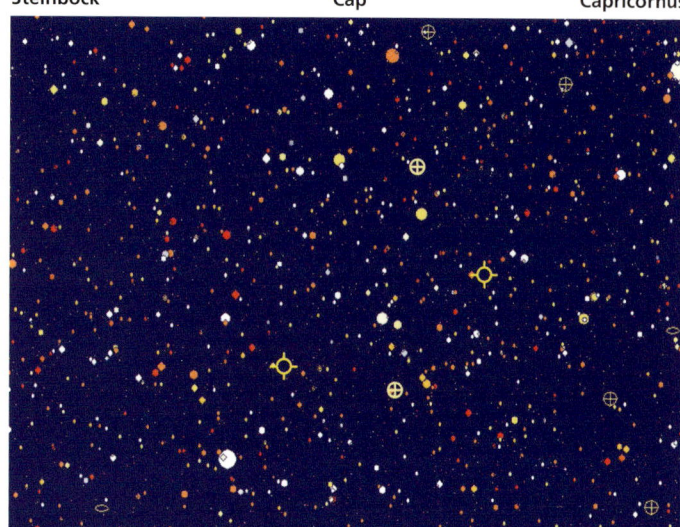

Steinbock und Wassermann

Das Sternbild Steinbock war schon den Babyloniern bekannt, die es als Ziegenfisch darstellten. Nach der griechischen Sage soll es die Ziege Amalthea sein, die Zeus als Kleinkind ernährte. Eine andere Legende erzählt von einem Kampf zwischen Zeus und dem Ungeheuer Typhon, das Zeus überwältigte und verstümmelte. Pan, der Bocksbeinige und Hermes heilten Zeus von seinen Wunden. Aus Dankbarkeit versetzte Zeus Pan in seiner eigenartigen Gestalt an den Himmel.

Das Sternbild Wassermann ist nach griechischer Legende auf Deukalion zurückzuführen, der nach einer großen Flut der Stammvater eines neuen Menschengeschlechts wurde. Das Sternbild besaß Bedeutung als Kalenderzeichen. Wenn die Sonne in diesem Sternbild stand, begann im Vorderen Orient die Regenzeit.

Der Helixnebel (NGC 7293) im Wassermann ist der größte Planetarische Nebel am Himmel, aber relativ lichtschwach. Mit dem lichtstarken Feldstecher erkennt man einen kleinen grünen Ring.

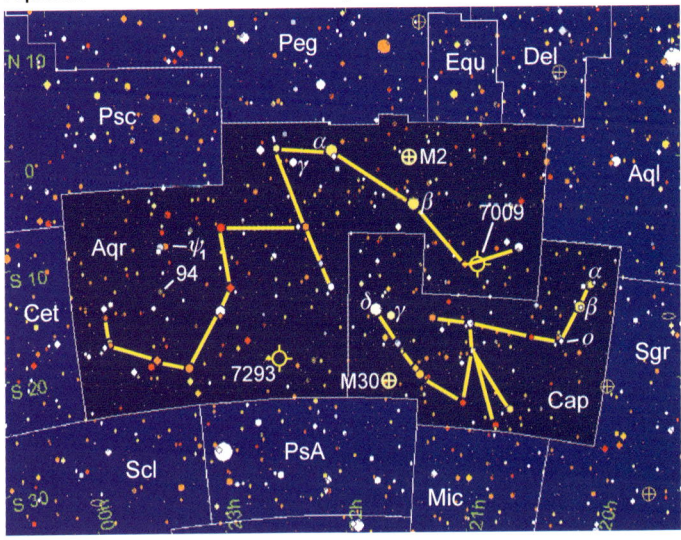

Besondere Sterne:

Name	Art	Helligkeit (mag)	Abstand (arcsec)	Periode (Tage)	Instrument ⌀
δ Cap	veränderlich	2,9 – 3,1	–	1,02	Auge
o Cap	Doppelstern	6,9 + 6,7	21,9	–	6 cm
ψ1 Aqr	Doppelstern	4,5 + 9,4	49	–	8 cm
94 Aqr	Doppelstern	5, 3 + 7,3	12,6		6 cm

Hellere nichtstellare Objekte:

Name	Art	Helligkeit (mag)	⌀ (arcmin)	Entfernung (Lj)	Instrument ⌀
M 2	Kugelhaufen	6,5	12,9	39000	5 cm
M 30	Kugelhaufen	7,5	11	40000	5 cm
NGC 7009	Planetar. Nebel	8,3	0,5 x 0,4	3000	7 cm
NGC 7293	Planetar. Nebel	6,3	16	400	5 cm

155

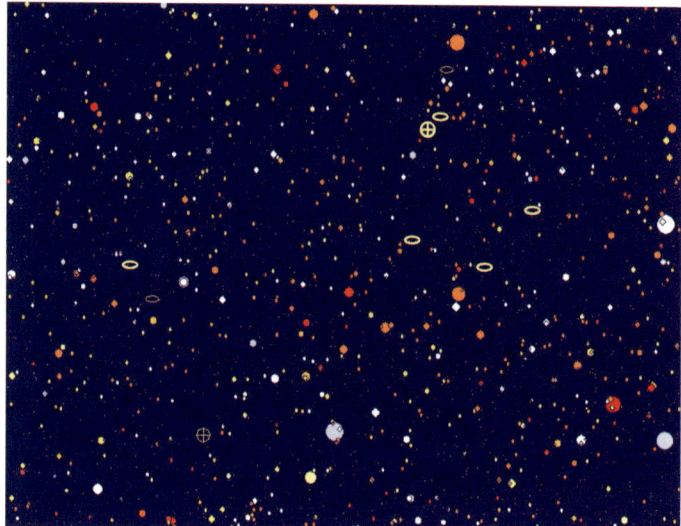

Ofen, Phönix und Bildhauer

Die Sternbilder Fornax und Sculptor wurden 1756 von Lacaille auf einer neuen Karte eingeführt. Beide Konstellationen schwacher Sterne sind auch in Mitteleuropa vollständig sichtbar, sofern die Luft am Horizont dunstfrei genug ist.

Der Phönix ist ein mythischer Vogel, der sich ins Feuer stürzte und aus seiner Asche wieder auferstand. Er symbolisierte Unsterblichkeit und die Geheimnisse der Alchimie. Die Mythologie stammt aus dem 1. Jh. n. Chr.. Das Sternbild Phoenix wurde 1597 von den holländischen Seefahrern Keyser und de Houtman beschrieben. Es steht so weit südlich, daß selbst in 38° nördlicher Breite nur die nördliche Hälfte des Sternbildes sichtbar wird.

Die Galaxie NGC 1316 steht mitten in einem lichtschwachen entfernten Galaxienhaufen. Die anderen aufgeführten Galaxien gehören zur Sculptor-Galaxiengruppe, die recht nah an der Milchstraße steht.

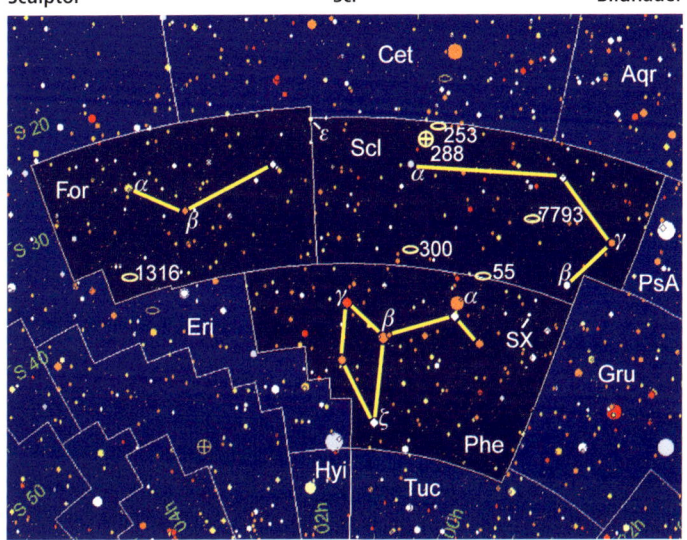

Besondere Sterne:

Name	Art	Helligkeit (mag)	Abstand (arcsec)	Periode (Tage)	Instrument ∅
ζ Phe	Mehrfach-system	4,1 + 6,9	6,4	–	6 cm
SX Phe	veränderlich	7,1 – 7,5	–	0,055	5 cm
ε Scl	Doppelstern	5,4 + 8,6	4,7	–	7 cm
α For	Doppelstern	4,0 + 6,5	5,1	–	6 cm

Hellere nichtstellare Objekte:

Name	Art	Helligkeit (mag)	∅ (arcmin)	Entfernung (Lj)	Instrument ∅
NGC 55	Galaxie	7,9	25 x 4	8 Mio.	7 cm
NGC 253	Galaxie	7,2	25 x 7	8 Mio.	6 cm
NGC 288	Kugelhaufen	8,1	13,8	27000	7 cm
NGC 300	Galaxie	8,1	20 x 15	8 Mio.	7 cm
NGC 1316	Galaxie	8,5	7 x 5,5	60 Mio.	8 cm
NGC 7793	Galaxie	9,1	9,1 x 6	8 Mio.	8 cm

Achterschiff

Das heutige Sternbild Puppis ist Teil des klassischen Sternbildes, das im Altertum als Schiff Argo bezeichnet wurde. 1763 teilte Lacaille Argo in die übersichtlicheren Sternbilder Carina, Vela und Puppis auf. Puppis bezeichnet den eigentlichen Schiffsrumpf. Eigenartigerweise behielt man die Nomenklatur der Sterne bei. So gibt es zwar einen Stern α Carinae (= Canopus), aber keinen Stern α Puppis oder α Velorum. So ist der hellste Stern im Sternbild Puppis mit 2,25 Größenklassen der Stern ζ Puppis. Puppis als nördlichster der Schiffsteile steht mitten im Band der Milchstraße. Es enthält viele helle Sterne und zahlreiche Sternhaufen, von denen hier nur die markantesten aufgeführt sind. Nach der griechischen Mythologie war Argo Navis das Schiff der Argonauten, mit denen Jason von Thessalien nach Kolchis fuhr, um das goldene Vlies zu rauben, mit dessen Hilfe sein Vater den Thron zurückerobern sollte. Das Vlies, das goldene Fell eines Widders, wurde in Kolchis von einem Drachen bewacht. Widder, Drachen und das Schiff wurden von der Kriegsgöttin Athene an den Himmel versetzt.

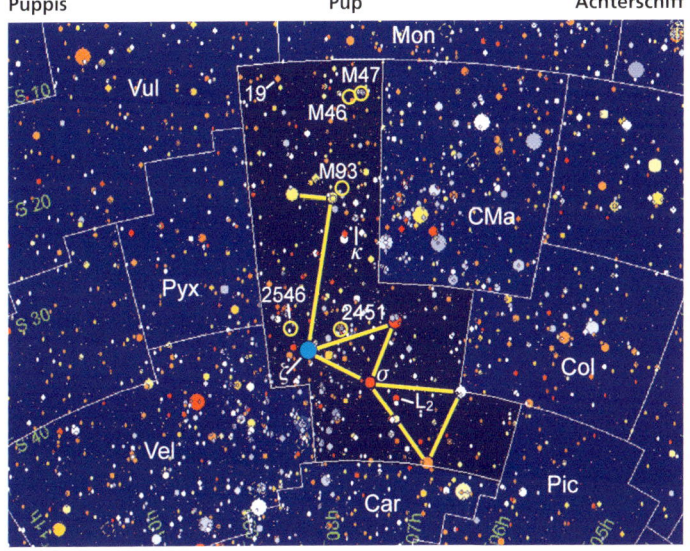

Besondere Sterne:

Name	Art	Helligkeit (mag)	Abstand (arcsec)	Periode (Tage)	Instrument ∅
ζ Pup = Tureis oder Naos	sehr blauer Stern	2,3	–	–	Auge
L2 Pup	veränderlich	2,6 – 6,2	–	140,5	Auge
κ Pup = Markeb	Doppelstern	4,5 + 4,7	9,9	–	6 cm
σ Pup	Doppelstern	3,3 + 8,5	22	–	7 cm
19 Pup	Doppelstern	4,7 + 7,8	71	–	5 cm

Hellere nichtstellare Objekte:

Name	Art	Helligkeit (mag)	∅ (arcmin)	Entfernung (Lj)	Instrument ∅
M 46	offener Haufen	6,1	27	4600	4 cm
M 47	offener Haufen	4,4	29	1600	Auge
M 93	offener Haufen	6,2	22	3600	4 cm
NGC 2546	offener Haufen	6,3	40	3300	4 cm
NGC 2451	offener Haufen	2,8	45	720	Auge

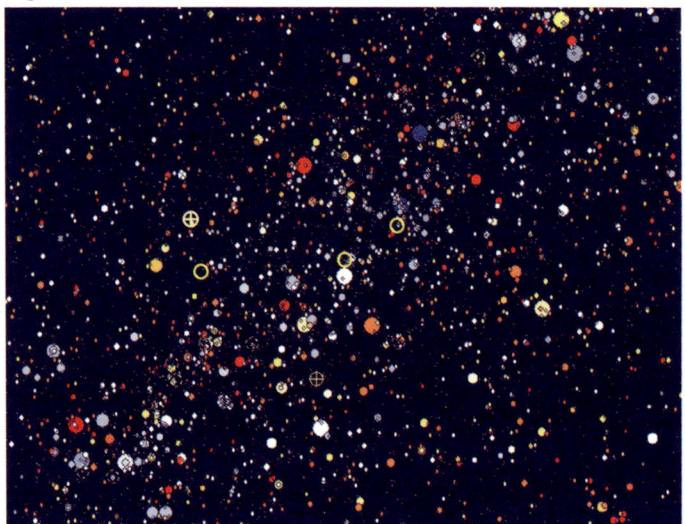

Segel und Schiffskiel

Die heutigen Sternbilder Vela und Carina sind Teile des klassischen
Sternbildes, das im Altertum als Schiff Argo bezeichnet wurde. 1763
teilte Lacaille Argo in die übersichtlicheren Sternbilder Carina, Vela
und Puppis auf. Eigenartigerweise behielt man die Nomenklatur
der Sterne bei. So gibt es zwar einen Stern α Carinae (= Canopus),
aber keinen Stern α Puppis oder α Velorum. Vela ist erst südlich von
38° nördl. Br. vollständig sichtbar. So kommen die Sterne 2. und 3.
Größe: φ, κ und δ Velorum, erst im südlichen Mittelmeerraum über
den Horizont. Vom Sternbild Carina sind günstigstenfalls nur die nördlichsten, aber recht hellen Sterne Canopus (α Carinae) und β Carinae
erkennbar. Canopus ist mit -0,7 mag sogar der zweithellste Stern des
Himmels. Die spektakulären Gasnebel um η Carinae sind ebenfalls
leider erst von noch südlicheren Positionen aus beobachtbar.
Nach der griechischen Mythologie war Argo Navis das Schiff der
Argonauten, mit denen Jason von Thessalien nach Kolchis fuhr, um
das goldene Vlies zu rauben, mit dessen Hilfe sein Vater den Thron
zurückerobern sollte.

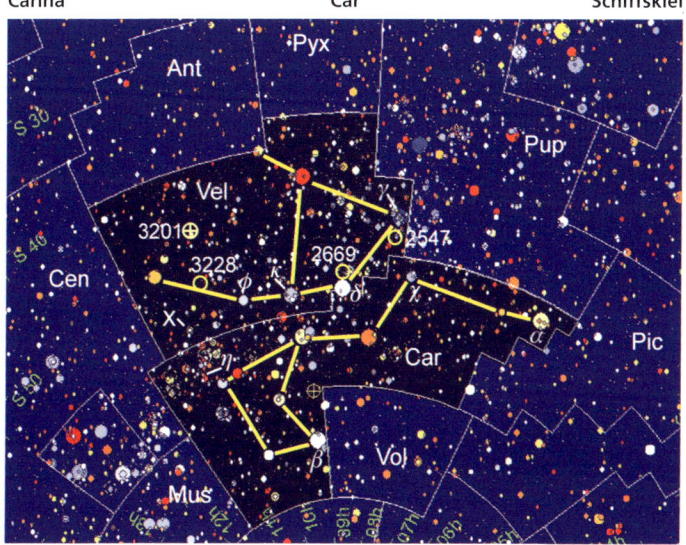

Besondere Sterne:					
Name	Art	Helligkeit (mag)	Abstand (arcsec)	Periode (Tage)	Instrument ∅
γ Vel	Doppelstern	1,8 + 4,2	41	18600	4 cm
δ Vel	Doppelstern	2,0 + 6,5	2,6	19000	7 cm
x Vel	Doppelstern	4,3 + 6,6	52	–	3 cm

Hellere nichtstellare Objekte:					
Name	Art	Helligkeit (mag)	∅ (arcmin)	Entfernung (Lj)	Instrument ∅
NGC 2547	offener Haufen	4,7	20	1300	Auge
NGC 2669	offener Haufen	6,1	12	3300	3 cm
NGC 3201	Kugel- haufen	6,8	18	16000	4 cm
NGC 3228	offener Haufen	6,0	18	1600	3 cm

Zentaur und Kreuz

Nach der griechischen Mythologie waren die Zentauren Lebewesen, halb Mensch und halb Pferd. Der wegen seiner Weisheit legendäre Zentaur Chiron wurde versehentlich von Herakles' Pfeil getroffen, erkrankte unheilbar und ließ sich anstelle von Prometheus an den Felsen schmieden. Für dieses Opfer wurde er von den Göttern als Sternbild an den Himmel versetzt.

Das Sternbild des südlichen Kreuzes ist das kleinste Sternbild am Himmel, mit vier sehr hellen Sternen. Es ist erst südlich von 38° n. Br. beobachtbar.

Der dritthellste Stern am Himmel, α Centauri, ist ein Doppelstern und der zur Sonne zweitnächste Fixstern, nur 4,3 Lichtjahre entfernt. Nur der lichtschwache Proxima Centauri kommt uns ein wenig näher. Beide sind erst südlich des Mittelmeerraumes beobachtbar. Von 50° n. Br. aus sind nur die beiden nördlichsten hellen Sterne des Centaurus, θ und ε Centauri, sichtbar. Auf 38° n. Br. ist das Sternbild jedoch bis hinunter zu ε Centauri sichtbar. Dann treten auch der größte und hellste Kugelhaufen am Himmel, ω Centauri, und die helle Galaxie NGC 5128 über den Horizont.

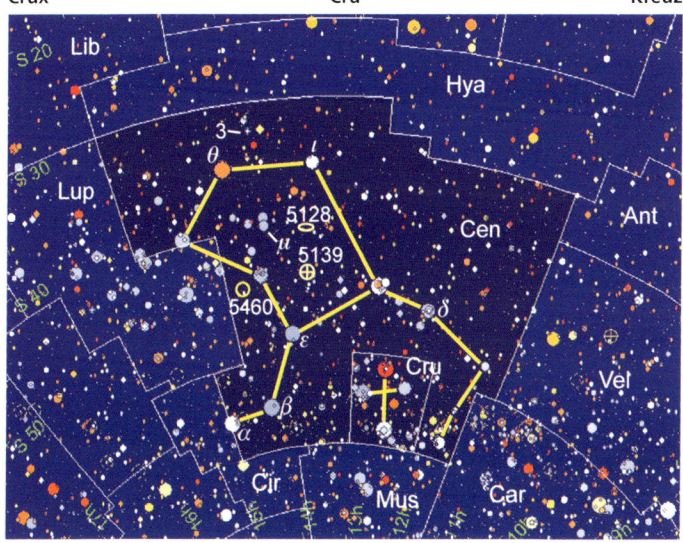

Besondere Sterne:					
Name	Art	Helligkeit (mag)	Abstand (arcsec)	Periode (Tage)	Instrument ⌀
ν Cen	veränderlich	2,9 – 3,5	–	unregelm.	Auge
3 Cen	Doppelstern	4,6 + 6,1	7,8	–	6 cm
δ Cen	Dreifach-stern	2,6 + 4,5 + 6,4	269 + 198	–	3 cm

Hellere nichtstellare Objekte:					
Name	Art	Helligkeit (mag)	⌀ (arcmin)	Entfernung (Lj)	Instrument ⌀
NGC 5128	Galaxie	6,8	18,2	15 Mio.	3 cm
NGC 5139 = ω Cen	Kugel-haufen	3,7	65,4	17000	Auge
NGC 5460	offener Haufen	5,6	24	1600	3 cm

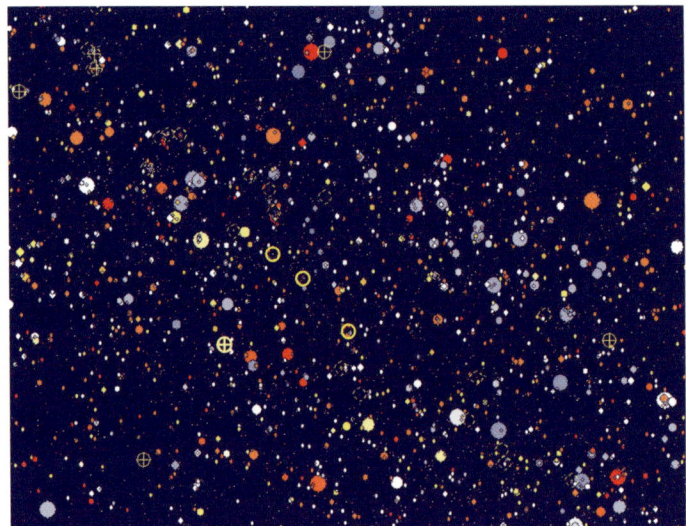

Altar, Wolf und Winkelmaß

Nach der griechischen Mythologie bauten die Götter den Altar, um vor diesem ihr Bündnis im Kampf gegen die Titanen zu besiegeln. Das Sternbild des Wolfes soll an den König Lykaon von Arkadien erinnern, der zur Strafe für seine Grausamkeit in einen Wolf verwandelt wurde. Nach anderer Geschichte soll es der Wolf sein, der von dem Zentauren Chiron erlegt und auf dem Altar geopfert wurde. Norma wurde erst 1756 von Lacaille mit dem ursprünglichen Namen »Norma et Regula«, eingeführt, als Würdigung der Hilfsinstrumente für die Navigation. Von diesen drei Sternbildern ist nur Lupus von Mitteleuropa aus sichtbar, und davon nur der nördliche Teil, etwa bis zum Stern ϱ Lupi. Von 38° nördl. Br. aus ist Lupus fast vollständig beobachtbar, und Norma und Ara kommen mit ihrer nördlichen Hälfte über den Horizont, bis zu den Sternen ϱ Ara bzw. γ Normae. Der helle Kugelsternhaufen NGC 6397 im Sternbild Ara ist einer der sonnennächsten überhaupt.

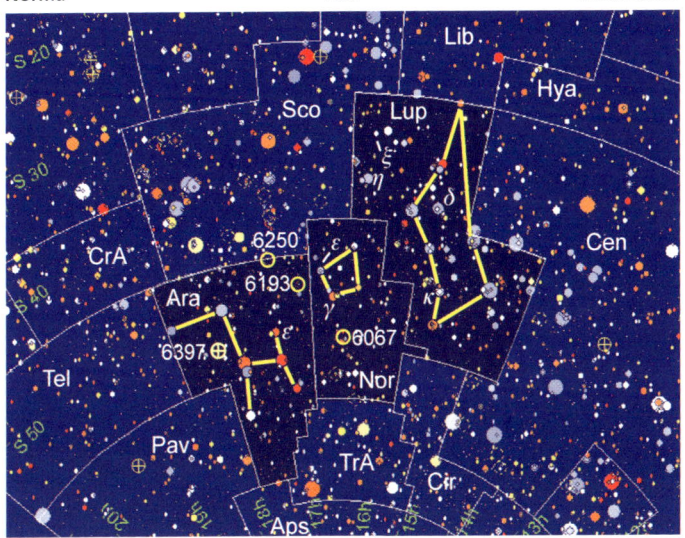

Besondere Sterne:				
Name	Art	Helligkeit (mag)	Abstand (arcsec)	Instrument ∅
η Lup	Doppelstern	3,4 + 7,8	15	6 cm
κ Lup	Doppelstern	3,9 + 5,8	26,8	5 cm
ξ Lup	Doppelstern	5,3 + 5,8	10,4	6 cm
ε Nor	Doppelstern	4,8 + 7,5	22,8	5 cm

Hellere nichtstellare Objekte:					
Name	Art	Helligkeit (mag)	∅ (arcmin)	Entfernung (Lj)	Instrument ∅
NGC 6067	offener Haufen	5,6	13	6800	5 cm
NGC 6193	offener Haufen	5,2	15	4400	4 cm
NGC 6250	offener Haufen	5,9	7	3330	5 cm
NGC 6397	Kugel-haufen	5,7	19	7200	5 cm

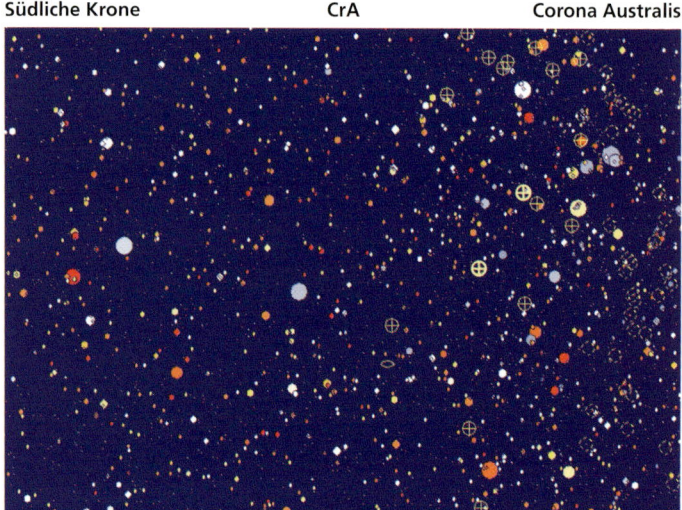

Südliche Krone, Indianer und Teleskop

Das Sternbild der Südlichen Krone besteht aus schwachen Sternen, ist aber sehr markant. Es ist das Gegenstück zur Nördlichen Krone. Die alten Griechen sahen darin aber eher einen Kranz. Ptolemäus nahm es im 2. Jahrh. n. Chr. in seine erste Sammlung von 48 Sternbildern auf und bezeichnete es als »Südlicher Lorbeerkranz«. Das hübsche Sternbild ist auf 50 ° nördlicher Breite nur halb, auf 38° und südlich davon aber vollständig sichtbar.

Das unscheinbare Sternbild Telescopium wurde 1756 von Lacaille eingeführt. Es steht weit auf der südlichen Himmelssphäre, so dass es von Mitteleuropa gar nicht, auf 38 ° nördlicher Breite nur halb sichtbar ist. Das Sternbild Indus (Indianer) wurde Ende des 16. Jahrh. durch holländische Seefahrer eingeführt und 1603 von Bayer in seinem neuen Atlas dargestellt. Selbst von 38 ° nördlicher Breite ist nur der nördlichste Zipfel des Sternbildes sichtbar, von α bis η Indi.

Indus
Telescopium

Ind
Tel

Indianer
Teleskop

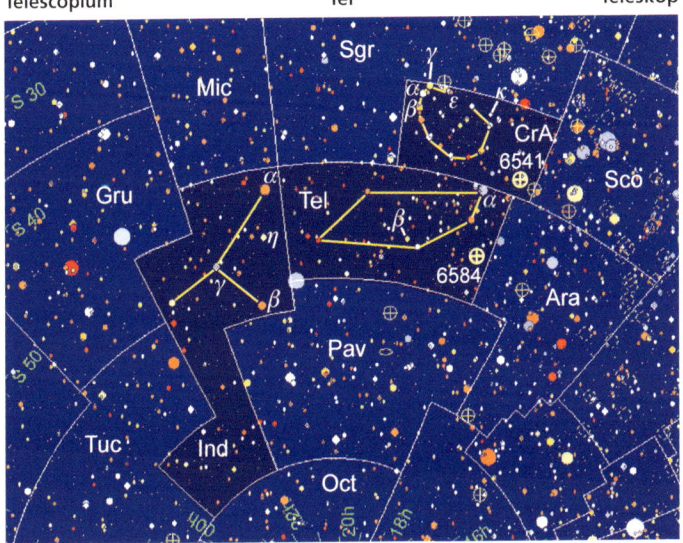

Besondere Sterne:					
Name	Art	Helligkeit (mag)	Abstand (arcsec)	Periode (Tage)	Instrument ⌀
γ CrA	Doppelstern	4,8 + 5,1	1,3	–	10 cm
ε CrA	veränderlich	4,7 – 5,0	–	1,44	Auge
κ CrA	Doppelstern	5,9 + 6,6	21,4	–	6 cm

Hellere nichtstellare Objekte:					
Name	Art	Helligkeit (mag)	⌀ (arcmin)	Entfernung (Lj)	Instrument ⌀
NGC 6541	Kugelhaufen	6,1	13,1	23000	4 cm
NGC 6584	Kugelhaufen	8,6	7,9	49000	7 cm

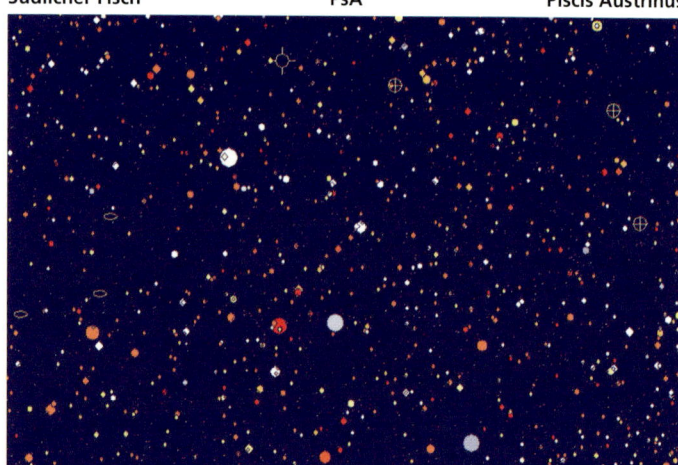

Südlicher Fisch, Kranich und Mikroskop

Das Sternbild des Südlichen Fisches ist auch von Mitteleuropa aus vollständig sichtbar, wenn auch nur tief am Horizont im Dunst. Sein Hauptstern Formalhaut (α PsA) ist ein Stern erster Größe und recht auffällig. Mythologisch gehört es zum Sternbild des Wassermanns. Das Sternbild geht bis auf die alt-ägyptische Mythologie zurück, nach der die Göttin Isis von einem Fisch gerettet wurde.

Das Sternbild des Kranichs liegt südlich von Formalhaut und ist durch seine Kette mittelheller Sterne gut erkennbar. Leider ist von diesem Sternbild in Mitteleuropa nur der nördlichste Zipfel sichtbar. Selbst von 38° nördlicher Breite aus ist es noch nicht ganz beobachtbar. Das Sternbild wurde in seiner heutigen Form 1603 von Bayer eingeführt. Das Sternbild des Microscopium wurde 1756 von Lacaille eingeführt. Das Sternbild besteht nur aus schwachen Sternen und ist von Mitteleuropa aus halb, von 38° nördlicher Breite und südlich davon bereits vollständig sichtbar.

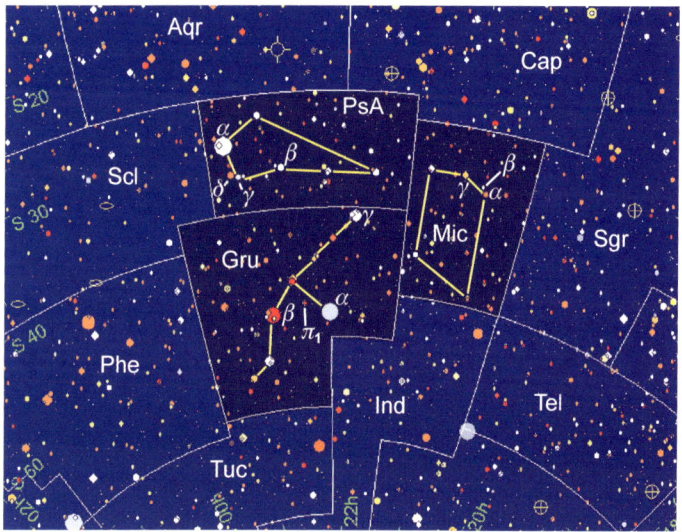

Besondere Sterne:					
Name	Art	Helligkeit (mag)	Abstand (arcsec)	Periode	Instrument ∅
α PsA = Formalhaut	Hauptstern	1,2	–	–	Auge
β PsA	Doppelstern	4,4 + 7,5	30,4	–	5 cm
γ PsA	Doppelstern	4,5 + 8,5	4,3	–	6 cm
δ PsA	Doppelstern	4,5 + 10	5,0	–	8 cm
α Gru = Alnair	Hauptstern	1,8	–	–	Auge
π1 Gru	veränderlich	5,8 – 6,4	–	unregelm.	3 cm
α Mic	Doppelstern	5,0 + 9,5	20,6	–	8 cm
Leider befinden sich in diesen Sternbildern keine nichtstellaren Objekte, die kleinen Instrumenten zugänglich sind.					

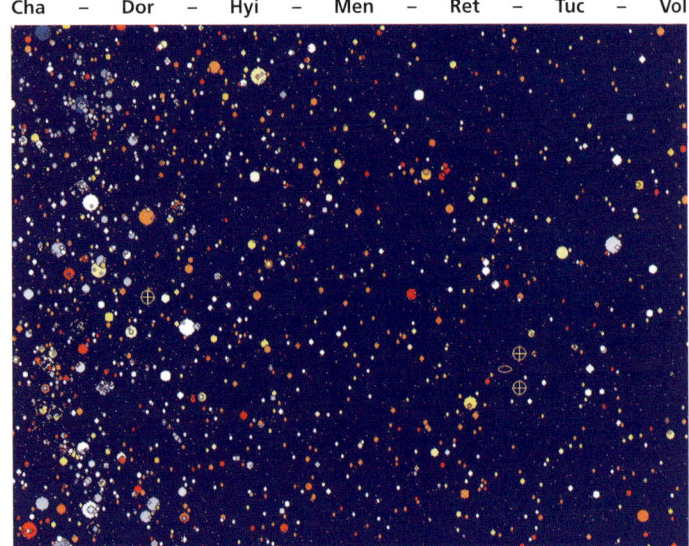

Chamäleon, Schwertfisch, Wasserschlange (m), Tafelberg, Netz, Tukan, Fliegender Fisch

Einzig das Sternbild des Dorado kommt in 38° nördlicher Breite über den Horizont, und dann auch nur der nördlichste Zipfel mit dem Stern α Doradus. Alle anderen der hier aufgeführten Sternbilder sind erst von südlicheren geografischen Breiten aus beobachtbar, sollen der Vollständigkeit halber aber hier wenigstens gezeigt werden.
Der Schwertfisch gehört zu den Sternbildern, die erst durch die Holländer Keyzer und Houtman 1603 in Europa bekannt wurden. In diesem Sternbild befindet sich die »Große Magellansche Wolke«, eine der beiden Begleiter-Galaxien unseres Milchstraßensystems. Vollständig sichtbar ist Dorado südlich von 19° n. Br.
Das Chamaeleon, der Tukan, der Fliegende Fisch und die Männliche Wasserschlange Hydrus gehören ebenfalls zu den Sternbildern, die erst durch die Holländer Keyzer und Houtman 1603 in Europa bekannt wurden. Vollständig sichtbar sind diese Sternbilder erst in der Äquatorregion und auf der Südhalbkugel der Erde.
Die Sternbilder Mensa und Reticulum wurden 1756 von Lacaille eingeführt und sind erst südlich der Sahara-Region vollständig sichtbar.

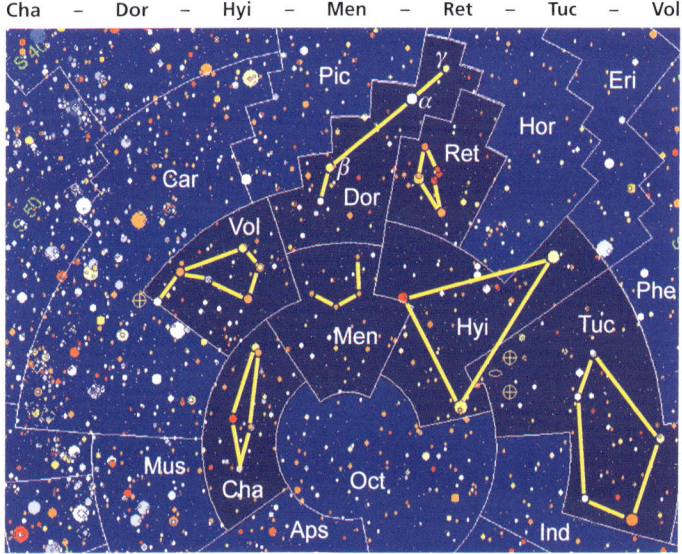

Die große Magellansche Wolke hat mehr als 7° Durchmesser am Himmel und ist mit bloßem Auge erkennbar. Es ist eine Zwerggalaxie in ca. 250 000 Lichtjahren Entfernung.

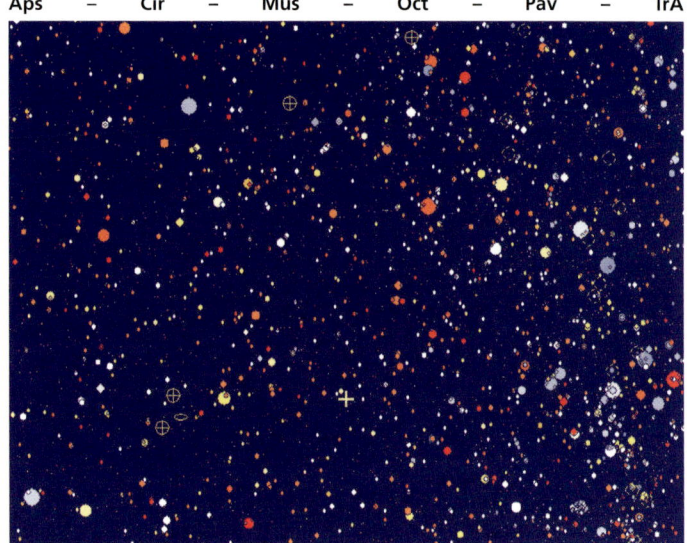

Paradiesvogel, Zirkel, Fliege, Oktant, Pfau, Südliches Dreieck

Keines der auf dieser Seite dargestellten Sternbilder kommt in unseren Breiten oder im Mittelmeerraum über den Horizont. Alle sind erst von südlicheren geografischen Breiten aus beobachtbar, sollen der Vollständigkeit halber aber hier wenigstens gezeigt werden.

Das Sternbild Apus wurde zuerst 1601 von Hondius und Keyzer beschrieben. Circinus und Octans stammen von Lacaille aus dem Jahr 1756. Musca und Pavo tauchten zuerst bei Keyzer und Houtman 1603 auf. Das Südliche Dreieck nahe den hellen Sternen α und β Centauri wurde bereits 1503 von Amerigo Vespucci erwähnt.

Im Sternbild Octans liegt der südliche Himmelspol, das Gegenstück zum nördlichen Himmelspol im Sternbild Ursa Minor. Leider gibt es hier keinen hellen Polarstern wie am Nordhimmel. Der polnächste noch mit bloßem Auge erkennbare Stern ist σ Octantis mit einer Helligkeit von 5,5 Größenklassen. Der nächste Stern 2. Größe ist β Carinae. Er liegt mehr als 20° vom Himmelssüdpol entfernt.

172

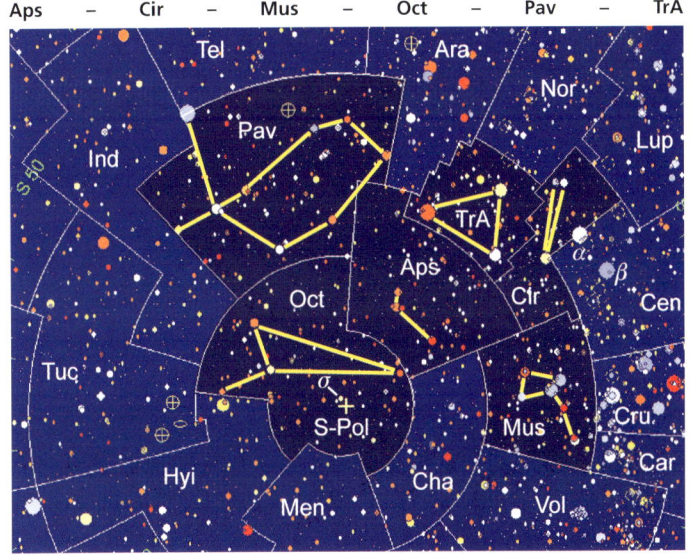

Am Himmelssüdpol befindet sich kein heller Stern. Aufnahme mit stehender Kamera, 22 Min. belichtet bei Blende 1.7 und ISO 800 Film.

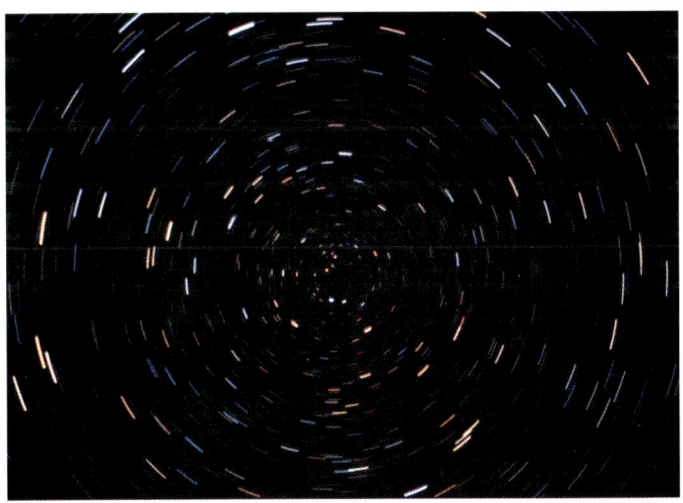

Daten zu den Sternbildern

Name des Sternbildes	Bereich in Rektaszension für das Jahr 2000	Bereich in Deklination für das Jahr 2000	Sternbild-Fläche (Quadratgrad)	Anzahl Sterne heller als 5,0 mag
Andromeda	22ʰ 57ᵐ – 2ʰ 40ᵐ	+21° 41' – +53° 12'	722	24
Antlia	9ʰ 27ᵐ – 11ʰ 06ᵐ	-40° 25' – -24° 34'	239	3
Apus	13ʰ 50ᵐ – 18ʰ 27ᵐ	-83° 07' – -67° 30'	206	5
Aquarius	20ʰ 38ᵐ – 23ʰ 56ᵐ	-24° 54' – +3° 20'	980	29
Aquila	18ʰ 41ᵐ – 20ʰ 39ᵐ	-11° 53' – +18° 41'	652	15
Ara	16ʰ 34ᵐ – 18ʰ 11ᵐ	-67° 42' – -45° 31'	237	10
Aries	1ʰ 47ᵐ – 3ʰ 30ᵐ	+10° 22' – +31° 13'	441	10
Auriga	4ʰ 38ᵐ – 7ʰ 30ᵐ	+27° 53' – +56° 09'	657	17
Bootes	13ʰ 36ᵐ – 15ʰ 49ᵐ	+7° 32' – +55° 03'	907	25
Caelum	4ʰ 20ᵐ – 5ʰ 05ᵐ	-48° 45' – -27° 02'	125	2
Camelopardalis	3ʰ 16ᵐ – 14ʰ 27ᵐ	+52° 56' – +86° 06'	757	13
Cancer	7ʰ 55ᵐ – 9ʰ 22ᵐ	+6° 28' – +33° 08'	506	6
Canes Venatici	12ʰ 06ᵐ – 14ʰ 08ᵐ	+27° 52' – +52° 21'	465	5
Canis Major	6ʰ 12ᵐ – 7ʰ 28ᵐ	-33° 14' – -11° 02'	380	27
Canis Minor	7ʰ 07ᵐ – 8ʰ 12ᵐ	-0° 22' – +13° 13'	183	5
Capricornus	20ʰ 07ᵐ – 21ʰ 59ᵐ	-27° 38' – -8° 25'	414	16
Carina	6ʰ 03ᵐ – 11ʰ 21ᵐ	-75° 41' – -50° 46'	494	41
Cassiopeia	22ʰ 57ᵐ – 3ʰ 41ᵐ	+46° 42' – +77° 42'	598	24
Centaurus	11ʰ 05ᵐ – 15ʰ 03ᵐ	-64° 40' – -30° 00'	1060	52
Cepheus	20ʰ 02ᵐ – 9ʰ 03ᵐ	+53° 23' – +88° 39'	588	20
Cetus	23ʰ 56ᵐ – 3ʰ 24ᵐ	-24° 53' – +10° 30'	1231	23
Chamaeleon	7ʰ 37ᵐ – 13ʰ 51ᵐ	-83° 08' – -75° 18'	132	5
Circinus	13ʰ 39ᵐ – 15ʰ 30ᵐ	-70° 37' – -55° 27'	93	5

Name des Sternbildes	Bereich in Rektaszension für das Jahr 2000	Bereich in Deklination für das Jahr 2000	Sternbild-Fläche (Quadratgrad)	Anzahl Sterne heller als 5,0 mag
Columba	$5^h04^m - 6^h40^m$	$-43°06' - -27°06'$	270	9
Coma	$11^h58^m - 13^h36^m$	$+13°20' - +33°18'$	386	8
Corona Australis	$17^h59^m - 19^h19^m$	$-45°31' - -36°47'$	128	7
Corona Borealis	$15^h16^m - 16^h25^m$	$+25°33' - +39°41'$	179	12
Corvus	$11^h56^m - 12^h57^m$	$-25°12' - -11°41'$	184	6
Crater	$10^h51^m - 11^h56^m$	$-25°12' - -6°40'$	282	6
Crux	$11^h56^m - 12^h58^m$	$-64°42' - -55°41'$	68	12
Cygnus	$19^h08^m - 22^h03^m$	$+27°44' - +61°21'$	804	39
Delphinus	$20^h14^m - 21^h09^m$	$+2°25' - +20°57'$	189	6
Dorado	$3^h54^m - 6^h35^m$	$-70°06' - -48°41'$	179	9
Draco	$9^h22^m - 20^h53^m$	$+47°31' - +86°25'$	1083	27
Equuleus	$20^h56^m - 21^h26^m$	$+2°29' - +13°02'$	72	3
Eridanus	$1^h25^m - 5^h11^m$	$-57°54' - +0°23'$	1138	43
Fornax	$1^h45^m - 3^h50^m$	$-39°31' - -23°46'$	398	4
Gemini	$6^h01^m - 8^h08^m$	$+9°48' - +35°23'$	514	22
Grus	$21^h28^m - 23^h27^m$	$-56°23' - -36°19'$	366	13
Hercules	$15^h48^m - 18^h58^m$	$+3°40' - +51°20'$	1225	35
Horologium	$2^h13^m - 4^h20^m$	$-67°02' - -39°39'$	249	2
Hydra	$8^h11^m - 15^h02^m$	$-35°42' - +6°38'$	1303	32
Hydrus	$0^h06^m - 4^h35^m$	$-82°03' - -57°51'$	243	8
Indus	$20^h29^m - 23^h28^m$	$-74°27' - -44°58'$	294	7
Lacerta	$21^h58^m - 22^h58^m$	$+35°11' - +56°55'$	201	11
Leo	$9^h22^m - 11^h58^m$	$-6°42' - +32°58'$	947	25
Leo Minor	$9^h23^m - 11^h07^m$	$+22°51' - +41°26'$	232	6
Lepus	$4^h55^m - 6^h13^m$	$-27°17' - -10°48'$	290	13

Name des Sternbildes	Bereich in Rektaszension für das Jahr 2000	Bereich in Deklination für das Jahr 2000	Sternbild-Fläche (Quadratgrad)	Anzahl Sterne heller als 5,0 mag
Libra	$14^h 22^m - 16^h 02^m$	$-29° 59' - -0° 28'$	538	12
Lupus	$14^h 18^m - 16^h 09^m$	$-55° 34' - -29° 51'$	334	30
Lynx	$6^h 18^m - 9^h 43^m$	$+32° 58' - +61° 57'$	545	12
Lyra	$18^h 14^m - 19^h 28^m$	$+25° 39' - +47° 42'$	286	12
Mensa	$3^h 13^m - 7^h 37^m$	$-85° 15' - -69° 46'$	153	0
Microscopium	$20^h 28^m - 21^h 28^m$	$-45° 05' - -27° 27'$	210	3
Monoceros	$5^h 56^m - 8^h 11^m$	$-11° 23' - +11° 56'$	482	11
Musca	$11^h 20^m - 13^h 51^m$	$-75° 41' - -64° 39'$	138	9
Norma	$15^h 12^m - 16^h 36^m$	$-60° 26' - -42° 17'$	165	5
Octans	$0^h - 24^h$	$-90° - -74° 19'$	291	4
Ophiuchus	$16^h 02^m - 18^h 46^m$	$-30° 13' - +14° 23'$	948	37
Orion	$4^h 43^m - 6^h 26^m$	$-10° 52' - +22° 52'$	594	42
Pavo	$17^h 41^m - 21^h 33^m$	$-74° 58' - -56° 35'$	378	14
Pegasus	$21^h 09^m - 0^h 15^m$	$+2° 19' - +36° 36'$	1121	27
Perseus	$1^h 30^m - 4^h 51^m$	$+30° 56' - +59° 06'$	615	32
Phoenix	$23^h 27^m - 2^h 25^m$	$-57° 51' - -39° 19'$	469	15
Pictor	$4^h 33^m - 6^h 52^m$	$-64° 09' - -42° 49'$	247	5
Pisces	$22^h 51^m - 2^h 07^m$	$-6° 19' - +33° 41'$	889	21
Piscis Austrinus	$21^h 27^m - 23^h 07^m$	$-36° 27' - -24° 50'$	245	7
Puppis	$6^h 03^m - 8^h 28^m$	$-51° 06' - -11° 15'$	673	44
Pyxis	$8^h 27^m - 9^h 28^m$	$-37° 18' - -17° 27'$	221	7
Reticulum	$3^h 13^m - 4^h 37^m$	$-67° 15' - -52° 45'$	114	7
Sagitta	$18^h 57^m - 20^h 21^m$	$+16° 06' - +21° 34'$	80	4
Sagittarius	$17^h 43^m - 20^h 29^m$	$-45° 16' - -11° 41'$	867	32
Scorpius	$15^h 47^m - 17^h 59^m$	$-45° 46' - -8° 18'$	497	37

Name des Sternbildes	Bereich in Rektaszension für das Jahr 2000	Bereich in Deklination für das Jahr 2000	Sternbild-Fläche (Quadratgrad)	Anzahl Sterne heller als 5,0 mag
Sculptor	23ʰ 07ᵐ – 1ʰ 46ᵐ	-39° 22' – -24° 51'	475	4
Scutum	18ʰ 22ᵐ – 18ʰ 59ᵐ	-15° 57' – -3° 50'	109	5
Serpens	15ʰ 10ᵐ – 18ʰ 58ᵐ	-16° 07' – +25° 40'	637	18
Sextans	9ʰ 41ᵐ – 10ʰ 51ᵐ	-11° 40' – +6° 26'	314	1
Taurus	3ʰ 23ᵐ – 6ʰ 01ᵐ	-1° 20' – +31° 06'	797	42
Telescopium	18ʰ 09ᵐ – 20ʰ 30ᵐ	-56° 59' – -45° 06'	252	4
Triangulum	1ʰ 32ᵐ – 2ʰ 51ᵐ	+25° 36' – +37° 21'	132	3
Triangulum Australe	14ʰ 56ᵐ – 17ʰ 14ᵐ	-70° 31' – -60° 18'	132	3
Tucana	22ʰ 08ᵐ – 1ʰ 25ᵐ	-75° 21' – -56° 19'	295	7
Ursa Major	8ʰ 09ᵐ – 14ʰ 28ᵐ	+28° 23' – +73° 11'	1280	35
Ursa Minor	0ʰ – 24ʰ	+65° 25' – +90°	256	7
Vela	8ʰ 03ᵐ – 11ʰ 06ᵐ	-57° 10' – -37° 10'	500	29
Virgo	11ʰ 37ᵐ – 15ʰ 11ᵐ	-22° 41' – +14° 21'	1294	25
Volans	6ʰ 31ᵐ – 9ʰ 04ᵐ	-75° 29' – -64° 08'	141	7
Vulpecula	18ʰ 57ᵐ – 21ʰ 31ᵐ	+19° 25' – +29° 28'	268	11

Wann und wo ist ein Sternbild am besten sichtbar?

Name des Sternbildes	Höchststand um Mitternacht	Sternbild ist zirkumpolar für	Sternbild ist vollständig sichtbar von	Sternbild ist nicht sichtbar von
Andromeda	Anfang Oktober	69° n. Br. – 90° n. Br.	36° s. Br. – 90° n. Br.	69° s. Br. – 90° s. Br.
Antlia	Ende Februar	66° s. Br. – 90° s. Br.	90° s. Br. – 49° n. Br.	66° n. Br. – 90° n. Br.
Apus	Ende Mai	23° s. Br. – 90° s. Br.	90° s. Br. – 6° n. Br.	23° n. Br. – 90° n. Br.
Aquarius	Ende August	–	86° s. Br. – 65° n. Br.	–
Aquila	Mitte Juli	–	71° s. Br. – 78° n. Br.	–
Ara	Mitte Juni	45° s. Br. – 90° s. Br.	90° s. Br. – 22° n. Br.	45° n. Br. – 90° n. Br.
Aries	Ende Oktober	80° n. Br. – 90° n. Br.	58° s. Br. – 90° n. Br.	80° s. Br. – 90° s. Br.
Auriga	Mitte Dezember	63° n. Br. – 90° n. Br.	33° s. Br. – 90° n. Br.	63° s. Br. – 90° s. Br.
Bootes	Ende April	83° n. Br. – 90° n. Br.	34° s. Br. – 90° n. Br.	83° s. Br. – 90° s. Br.
Caelum	Anfang Dezember	63° s. Br. – 90° s. Br.	90° s. Br. – 41° n. Br.	63° n. Br. – 90° n. Br.
Camelopardalis	Ende November	38° n. Br. – 90° n. Br.	3° s. Br. – 90° n. Br.	38° s. Br. – 90° s. Br.
Cancer	Anfang Februar	84° n. Br. – 90° n. Br.	56° s. Br. – 90° n. Br.	84° s. Br. – 90° s. Br.
Canes Venatici	Anfang April	63° n. Br. – 90° n. Br.	37° s. Br. – 90° n. Br.	63° s. Br. – 90° s. Br.
Canis Major	Anfang Januar	79° s. Br. – 90° s. Br.	90° s. Br. – 56° n. Br.	79° n. Br. – 90° n. Br.
Canis Minor	Mitte Januar	–	76° s. Br. – 89° n. Br.	–
Capricornus	Anfang August	82° s. Br. – 90° s. Br.	90° s. Br. – 62° n. Br.	82° n. Br. – 90° n. Br.
Carina	Anfang Februar	40° s. Br. – 90° s. Br.	90° s. Br. – 14° n. Br.	40° n. Br. – 90° n. Br.
Cassiopeia	Anfang Oktober	44° n. Br. – 90° n. Br.	12° s. Br. – 90° n. Br.	44° s. Br. – 90° s. Br.
Centaurus	Anfang April	60° s. Br. – 90° s. Br.	90° s. Br. – 25° n. Br.	60° n. Br. – 90° n. Br.
Cepheus	Ende August	37° n. Br. – 90° n. Br.	1° s. Br. – 90° n. Br.	37° s. Br. – 90° s. Br.
Cetus	Mitte Oktober	–	79° s. Br. – 65° n. Br.	–
Chamaeleon	Anfang März	15° s. Br. – 90° s. Br.	90° s. Br. – 6° n. Br.	15° n. Br. – 90° n. Br.
Circinus	Anfang Mai	35° s. Br. – 90° s. Br.	90° s. Br. – 19° n. Br.	35° n. Br. – 90° n. Br.

Name des Sternbildes	Höchststand um Mitternacht	Sternbild ist zirkumpolar für	Sternbild ist vollständig sichtbar von	Sternbild ist nicht sichtbar von
Columba	Ende Dezember	63° s. Br. – 90° s. Br.	90° s. Br. – 46° n. Br.	63° n. Br. – 90° n. Br.
Coma	Anfang April	77° n. Br. – 90° n. Br.	56° s. Br. – 90° n. Br.	77° s. Br. – 90° s. Br.
Corona Australis	Anfang Juli	54° s. Br. – 90° s. Br.	90° s. Br. – 44° n. Br.	54° n. Br. – 90° n. Br.
Corona Borealis	Mitte Mai	65° n. Br. – 90° n. Br.	50° s. Br. – 90° n. Br.	65° s. Br. – 90° s. Br.
Corvus	Ende März	79° s. Br. – 90° s. Br.	90° s. Br. – 64° n. Br.	79° n. Br. – 90° n. Br.
Crater	Mitte März	84° s. Br. – 90° s. Br.	90° s. Br. – 64° n. Br.	84° n. Br. – 90° n. Br.
Crux	Ende März	35° s. Br. – 90° s. Br.	90° s. Br. – 25° n. Br.	35° n. Br. – 90° n. Br.
Cygnus	Ende Juli	63° n. Br. – 90° n. Br.	28° s. Br. – 90° n. Br.	63° s. Br. – 90° s. Br.
Delphinus	Anfang August	88° n. Br. – 90° n. Br.	69° s. Br. – 90° n. Br.	88° s. Br. – 90° s. Br.
Dorado	Ende November	42° s. Br. – 90° s. Br.	90° s. Br. – 19° n. Br.	42° n. Br. – 90° n. Br.
Draco	Mitte Mai	43° n. Br. – 90° n. Br.	3° s. Br. – 90° n. Br.	43° s. Br. – 90° s. Br.
Equuleus	Mitte August	88° n. Br. – 90° n. Br.	76° s. Br. – 90° n. Br.	88° s. Br. – 90° s. Br.
Eridanus	Ende November	–	89° s. Br. – 32° n. Br.	–
Fornax	Anfang November	67° s. Br. – 90° s. Br.	90° s. Br. – 50° n. Br.	67° n. Br. – 90° n. Br.
Gemini	Anfang Januar	81° n. Br. – 90° n. Br.	54° s. Br. – 90° n. Br.	81° s. Br. – 90° s. Br.
Grus	Ende August	54° s. Br. – 90° s. Br.	90° s. Br. – 33° n. Br.	54° n. Br. – 90° n. Br.
Hercules	Anfang Juni	87° n. Br. – 90° n. Br.	38° s. Br. – 90° n. Br.	87° s. Br. – 90° s. Br.
Horologium	Mitte November	51° s. Br. – 90° s. Br.	90° s. Br. – 22° n. Br.	51° n. Br. – 90° n. Br.
Hydra	Mitte März	–	83° s. Br. – 54° n. Br.	–
Hydrus	Ende Oktober	33° s. Br. – 90° s. Br.	90° s. Br. – 7° n. Br.	33° n. Br. – 90° n. Br.
Indus	Ende August	46° s. Br. – 90° s. Br.	90° s. Br. – 15° n. Br.	46° n. Br. – 90° n. Br.
Lacerta	Ende August	55° n. Br. – 90° n. Br.	33° s. Br. – 90° n. Br.	55° s. Br. – 90° s. Br.
Leo	Anfang März	–	57° s. Br. – 83° n. Br.	–
Leo Minor	Anfang März	68° n. Br. – 90° n. Br.	48° s. Br. – 90° n. Br.	68° s. Br. – 90° s. Br.
Lepus	Mitte Dezember	80° s. Br. – 90° s. Br.	90° s. Br. – 62° n. Br.	80° n. Br. – 90° n. Br.

Name des Sternbildes	Höchststand um Mitternacht	Sternbild ist zirkumpolar für	Sternbild ist vollständig sichtbar von	Sternbild ist nicht sichtbar von
Libra	Anfang Mai	90° s. Br.	90° s. Br. – 60° n. Br.	90° n. Br.
Lupus	Mitte Mai	61° s. Br. – 90° s. Br.	90° s. Br. – 34° n. Br.	61° n. Br. – 90° n. Br.
Lynx	Anfang Februar	58° n. Br. – 90° n. Br.	28° s. Br. – 90° n. Br.	58° s. Br. – 90° s. Br.
Lyra	Anfang Juli	65° n. Br. – 90° n. Br.	42° s. Br. – 90° n. Br.	65° s. Br. – 90° s. Br.
Mensa	Mitte Dezember	21° s. Br. – 90° s. Br.	90° s. Br. – 4° n. Br.	21° n. Br. – 90° n. Br.
Microscopium	Anfang August	63° s. Br. – 90° s. Br.	90° s. Br. – 44° n. Br.	63° n. Br. – 90° n. Br.
Monoceros	Mitte Januar	–	78° s. Br. – 78° n. Br.	–
Musca	Anfang April	26° s. Br. – 90° s. Br.	90° s. Br. – 14° n. Br.	26° n. Br. – 90° n. Br.
Norma	Ende Mai	48° s. Br. – 90° s. Br.	90° s. Br. – 29° n. Br.	48° n. Br. – 90° n. Br.
Octans	Anfang August	16° s. Br. – 90° s. Br.	90° s. Br. – 6° s. Br.	16° n. Br. – 90° n. Br.
Ophiuchus	Anfang Juni	–	75° s. Br. – 59° n. Br.	–
Orion	Mitte Dezember	–	67° s. Br. – 79° n. Br.	–
Pavo	Mitte Juli	34° s. Br. – 90° s. Br.	90° s. Br. – 15° n. Br.	34° n. Br. – 90° n. Br.
Pegasus	Anfang September	88° n. Br. – 90° n. Br.	53° s. Br. – 90° n. Br.	88° s. Br. – 90° s. Br.
Perseus	Mitte November	60° n. Br. – 90° n. Br.	30° s. Br. – 90° n. Br.	60° s. Br. – 90° s. Br.
Phoenix	Anfang Oktober	51° s. Br. – 90° s. Br.	90° s. Br. – 32° n. Br.	51° n. Br. – 90° n. Br.
Pictor	Mitte Dezember	48° s. Br. – 90° s. Br.	90° s. Br. – 25° n. Br.	48° n. Br. – 90° n. Br.
Pisces	Anfang Oktober	–	56° s. Br. – 83° n. Br.	–
Piscis Austrinus	Ende August	66° s. Br. – 90° s. Br.	90° s. Br. – 53° n. Br.	66° n. Br. – 90° n. Br.
Puppis	Anfang Januar	79° s. Br. – 90° s. Br.	90° s. Br. – 38° n. Br.	79° n. Br. – 90° n. Br.
Pyxis	Anfang Februar	73° s. Br. – 90° s. Br.	90° s. Br. – 52° n. Br.	73° n. Br. – 90° n. Br.
Reticulum	Mitte November	38° s. Br. – 90° s. Br.	90° s. Br. – 22° n. Br.	38° n. Br. – 90° n. Br.
Sagitta	Ende Juli	74° n. Br. – 90° n. Br.	68° s. Br. – 90° n. Br.	74° s. Br. – 90° s. Br.
Sagittarius	Anfang Juli	78° s. Br. – 90° s. Br.	90° s. Br. – 44° n. Br.	78° n. Br. – 90° n. Br.
Scorpius	Anfang Juni	82° s. Br. – 90° s. Br.	90° s. Br. – 44° n. Br.	82° n. Br. – 90° n. Br.

Name des Sternbildes	Höchststand um Mitternacht	Sternbild ist zirkumpolar für	Sternbild ist vollständig sichtbar von	Sternbild ist nicht sichtbar von
Sculptor	Ende September	66° s. Br. – 90° s. Br.	90° s. Br. – 50° n. Br.	66° n. Br. – 90° n. Br.
Scutum	Anfang Juli	87° s. Br. – 90° s. Br.	90° s. Br. – 74° n. Br.	87° n. Br. – 90° n. Br.
Serpens	Mitte Juni		64° s. Br. – 73° n. Br.	–
Sextans	Ende Februar		83° s. Br. – 78° n. Br.	–
Taurus	Ende November·		58° s. Br. – 88° n. Br.	–
Telescopium	Mitte Juli	45° s. Br. – 90° s. Br.	90° s. Br. – 33° n. Br.	45° n. Br. – 90° n. Br.
Triangulum	Ende Oktober	65° n. Br. – 90° n. Br.	52° s. Br. – 90° n. Br.	65° s. Br. – 90° s. Br.
Triangulum Australe	Ende Mai	30° s. Br. – 90° s. Br.	90° s. Br. – 19° n. Br.	30° n. Br. – 90° n. Br.
Tucana	Mitte September	34° s. Br. – 90° s. Br.	90° s. Br. – 14° n. Br.	34° n. Br. – 90° n. Br.
Ursa Major	Anfang März	62° n. Br. – 90° n. Br.	16° s. Br. – 90° n. Br.	62° s. Br. – 90° s. Br.
Ursa Minor	Mitte Mai	25° n. Br. – 90° n. Br.	2° n. Br. – 90° n. Br.	25° s. Br. – 90° s. Br.
Vela	Mitte Februar	53° s. Br. – 90° s. Br.	90° s. Br. – 32° n. Br.	53° n. Br. – 90° n. Br.
Virgo	Mitte April		75° s. Br. – 67° n. Br.	–
Volans	Mitte Januar	26° s. Br. – 90° s. Br.	90° s. Br. – 14° n. Br.	26° n. Br. – 90° n. Br.
Vulpecula	Ende Juli	71° n. Br. – 90° n. Br.	60° s. Br. – 90° n. Br.	71° s. Br. – 90° s. Br.

Wo im Buch finde ich welches Sternbild?

Angegeben sind die Seiten mit den Karten, auf denen das Sternbild am besten zu erkennen ist. Steht die Nummer in Klammern, so ist das Sternbild von dieser Breite aus nicht vollständig sichtbar.

Name des Sternbildes	Umgebungskarten auf Seite		Detail auf Seite	Name des Sternbildes	Umgebungskarten auf Seite		Detail auf Seite
	50° n. Br.	38° n. Br.			50° n. Br.	38° n. Br.	
Andromeda	64	74	94–95	Cetus	59	75	124–125
Antlia	(51)	67	144–145	Chamaeleon	–	–	170–171
Apus	–	–	172–173	Circinus	–	–	172–173
Aquarius	59	75	154–155	Columba	(63)	79	138–139
Aquila	55	71	136–137	Coma	51	66	104–105
Ara	–	(71)	164–165	Corona Australis	–	71	166–167
Aries	58	74	96–97	Corona Borealis	56	72	106–107
Auriga	58	74	100–101	Corvus	51	67	146–147
Bootes	50	66	106–107	Crater	51	67	146–147
Caelum	(63)	79	140–141	Crux	–	–	162–163
Camelopardalis	65	81	90–91	Cygnus	54	70	108–109
Cancer	62	68	114–115	Delphinus	54	70	120–121
Canes Venatici	50	66	104–105	Dorado	–	(79)	170–171
Canis Major	63	79	142–143	Draco	57	73	84–85
Canis Minor	63	79	128–129	Equuleus	60	76	122–123
Capricornus	59	75	154–155	Eridanus	(63)	(79)	138–141
Carina	–	–	160–161	Fornax	(59)	79	156–157
Cassiopeia	61	77	88–89	Gemini	63	78	114–115
Centaurus	–	(67)	162–163	Grus	–	(75)	168–169
Cepheus	65	77	86–87	Hercules	50	66	118–119

Name des Sternbildes	Umgebungskarten auf Seite		Detail auf Seite
	50° n. Br.	33° n. Br.	
Horologium	–	(79)	140–141
Hydra	51	67	146–149
Hydrus	–	–	170–171
Indus	–	–	166–167
Lacerta	60	76	94–95
Leo	51	67	116–117
Leo Minor	51	68	102–103
Lepus	63	79	138–139
Libra	95	71	148–149
Lupus	(55)	(71)	164–165
Lynx	62	68	102–103
Lyra	54	70	108–109
Mensa	–	–	170–171
Microscopium	–	(75)	168–169
Monoceros	63	79	128–129
Musca	–	–	172–173
Norma	–	(71)	164–165
Octans	–	–	172–173
Ophiuchus	55	71	134–135
Orion	63	79	126–127
Pavo	–	–	172–173
Pegasus	59	70	122–123
Perseus	64	80	98–99
Phoenix	–	(75)	156–157

Name des Sternbildes	Umgebungskarten auf Seite		Detail auf Seite
	50° n. Br.	38° n. Br.	
Pictor	–	(79)	140–141
Pisces	59	75	110–111
Piscis Austrinus	59	75	168–169
Puppis	(63)	79	158–159
Pyxis	(51)	67	144–145
Reticulum	–	–	170–171
Sagitta	54	70	120–121
Sagittarius	(55)	71	152–153
Scorpius	(55)	71	150–151
Sculptor	59	75	156–157
Scutum	55	71	136–137
Serpens	36	71	132–133
Sextans	51	67	116–117
Taurus	63	79	112–113
Telescopium	–	71	166–167
Triangulum	58	74	96–97
Triangulum Australe	–	–	172–173
Tucana	–	–	170–171
Ursa Major	62	69	92–93
Ursa Minor	57	73	84–85
Vela	–	(67)	160–161
Virgo	51	67	130–131
Volans	–	–	170–171
Vulpecula	54	70	120–121

Liste aller Sternbilder (lateinisch – deutsch)

Name des Sternbildes	Kürzel	deutscher Name
Andromeda	And	Andromeda
Antlia	Ant	Luftpumpe
Apus	Aps	Paradiesvogel
Aquarius	Aqr	Wassermann
Aquila	Aql	Adler
Ara	Ara	Altar
Aries	Ari	Widder
Auriga	Aur	Fuhrmann
Bootes	Boo	Bärenhüter
Caelum	Cae	Grabstichel
Camelopardalis	Cam	Giraffe
Cancer	Cnc	Krebs
Canes Venatici	CVn	Jagdhunde
Canis Major	CMa	Großer Hund
Canis Minor	CMi	Kleiner Hund
Capricornus	Cap	Steinbock
Carina	Car	Schiffskiel
Cassiopeia	Cas	Kassiopeia
Centaurus	Cen	Zentaur
Cepheus	Cep	Kepheus
Cetus	Cet	Walfisch
Chamaeleon	Cha	Chamäleon
Circinus	Cir	Zirkel
Columba	Col	Taube
Coma	Com	Haar der Berenice
Corona Australis	CrA	Südliche Krone
Corona Borealis	CrB	Nördliche Krone
Corvus	Crv	Rabe
Crater	Crt	Becher
Crux	Cru	Kreuz
Cygnus	Cyg	Schwan
Delphinus	Del	Delphin
Dorado	Dor	Goldfisch
Draco	Dra	Drache
Equuleus	Equ	Füllen
Eridanus	Eri	Fluß Eridanus
Fornax	For	Ofen
Gemini	Gem	Zwillinge
Grus	Gru	Kranich
Hercules	Her	Herkules
Horologium	Hor	Pendeluhr
Hydra	Hya	Wasserschlange (w)
Hydrus	Hyi	Wasserschlange (m)
Indus	Ind	Indianer

Name des Sternbildes	Kürzel	deutscher Name	Name des Sternbildes	Kürzel	deutscher Name
Lacerta	Lac	Eidechse	Piscis Austrinus	PsA	Südlicher Fisch
Leo	Leo	Löwe	Puppis	Pup	Achterschiff
Leo Minor	LMi	Kleiner Löwe	Pyxis	Pyx	Kompaß
Lepus	Lep	Hase	Reticulum	Ret	Netz
Libra	Lib	Waage	Sagitta	Sge	Pfeil
Lupus	Lup	Wolf	Sagittarius	Sgr	Schütze
Lynx	Lyn	Luchs	Scorpius	Sco	Skorpion
Lyra	Lyr	Leier	Sculptor	Scl	Bildhauer
Mensa	Men	Tafelberg	Scutum	Sct	Schild
Microscopium	Mic	Mikroskop	Serpens	Ser	Schlange
Monoceros	Mon	Einhorn	Sextans	Sex	Sextant
Musca	Mus	Fliege	Taurus	Tau	Stier
Norma	Nor	Winkelmaß	Telescopium	Tel	Teleskop
Octans	Oct	Oktant	Triangulum	Tri	Dreieck
Ophiuchus	Oph	Schlangenträger	Triangulum Australe	TrA	Südliches Dreieck
Orion	Ori	Orion	Tucana	Tuc	Tukan
Pavo	Pav	Pfau	Ursa Major	UMa	Großer Bär
Pegasus	Peg	Pegasus	Ursa Minor	UMi	Kleiner Bär
Perseus	Per	Perseus	Vela	Vel	Segel
Phoenix	Phe	Phönix	Virgo	Vir	Jungfrau
Pictor	Pic	Malerstaffelei	Volans	Vol	Fliegender Fisch
Pisces	Psc	Fische	Vulpecula	Vul	Füchslein

Das griechische Alphabet

A	α	Alpha	N	ν	Nü
B	β	Beta	Ξ	ξ	Xi
Γ	γ	Gamma	O	o	Omikron
Δ	δ	Delta	Π	π	Pi
E	ε	Epsilon	P	ρ	Rho
Z	ζ	Zeta	Σ	σ	Sigma
H	η	Eta	T	τ	Tau
Θ	θ	Theta	Υ	υ	Ypsilon
I	ι	Iota	Φ	φ	Phi
K	κ	Kappa	X	χ	Chi
Λ	λ	Lambda	Ψ	ψ	Psi
M	μ	Mü	Ω	ω	Omega

Glossar

Äquinoktium: Zeitpunkt, für den die Himmelskoordinaten Rektaszension und Deklination exakt gelten.

Azimut: eine Himmelskoordinate im Horizontsystem, wird von Süd ausgehend entlang des Horizontes in Richtung West gezählt, die Einheit ist Bogengrad und Bogenminuten.

Bogensekunde: der 3600 ste Teil eines Winkelgrades am Himmel.

Deklination: Eine Himmelskoordinate im Äquatorsystem, wird vom Himmelsäquator ausgehend Richtung Himmelsnordpol positiv gezählt, Richtung Himmelssüdpol negativ, die Einheit ist Bogengrad und Bogenminuten.

Dunkelwolken: Dünn verteilte Wolken aus Staub und Gasmolekülen im interstellaren Raum.

Ekliptik: scheinbare jährliche Bahn der Sonne vor dem Hintergrund der Sternbilder, ist um 23° gegen den Himmelsäquator geneigt.

Frühlingspunkt: der Schnittpunkt der Ekliptik mit dem Himmelsäquator, an dem die Sonne den Himmelsäquator von Süd nach Nord durchläuft.

Galaxie: Milchstraßensystem außerhalb unserer eigenen Milchstraße, Welteninsel im Universum, Gestalt spiral-, ellipsenförmig oder unregelmäßig, enthält bis zu mehrere hundert Milliarden Sterne.

Größenklasse: die Helligkeitseinheit von Himmelsobjekten.

H II – Region: heiße Gaswolke aus atomarem Wasserstoff, der von nahen heißen Sternen zum Leuchten angeregt wird.

Himmelsäquator: scheinbare Erweiterung des Erdäquators ins Unendliche, Nullinie des Äquatorsystems, entlang des Himmelsäquators ist die Deklination gleich Null.

Himmelsmeridian: Kreis über den Himmel, markiert Nord-Süd-Richtung, geht durch den Zenit.

Himmelsnordpol: Punkt an der scheinbaren Himmelssphäre, auf den die Erdachse auf der Nordhalbkugel zeigt.

Höhe: eine Himmelskoordinate im Horizontsystem, wird vom Horizont ausgehend in Zenitrichtung gezählt, die Einheit ist Bogengrad und Bogenminuten.

interstellar: im Raum zwischen den Sternen.

Lichtjahr: Strecke, die das Licht in einem Jahr zurücklegt: 9,46 Billionen Kilometer.

Milchstraße: Das zusammenhängendes Band aus Sternen am Himmel ist die Kante der Galaxie, in der wir uns mit unserer Sonne befinden.

Nachtbogen: das Stück der scheinbaren Bahn, das ein Himmelsobjekt während der täglichen Erddrehung unter dem Horizont zurücklegt.

Nordrichtung: wird durch den Polarstern markiert, Richtung der tiefsten Stellung aller Himmelsobjekte.

Parallaxe: scheinbare Winkeländerung am Himmel, die ein naher Stern vor dem Hintergrund entfernter Sterne erfährt, wenn er von der Erde aus im Halbjahresabstand beobachtet wird.

Parsec: Die Entfernung, in der ein Stern mit einer Parallaxe von 1 Bogensekunde steht, beträgt 1 Parsec (pc).

Planetarischer Nebel: symmetrische Gashülle um einen sehr jungen oder Überrest eines sehr alten Sterns, Erscheinungsbild ähnelt der Scheibe eines Planeten im kleinen Teleskop.

Präzession: Kreiselbewegung der Erdachse, führt zur 26000 Jahre dauernden periodischen Bewegung des Himmelspoles zwischen den Sternen und zur langsamen Verschiebung der Himmelskoordinaten Rektaszension und Deklination.

Reflexionsnebel: interstellare Staubwolke, die von nahen Sternen beleuchtet wird.

Rektaszension: Eine Himmelskoordinate im Äquatorsystem, wird vom Frühlingspunkt ausgehend nach Osten gezählt, die Einheit ist Zeitstunden und Zeitminuten.

Streuung: Ein Lichtstrahl wird in alle Richtungen gestreut, wenn er durch eine Wolke kleiner Teilchen dringen muß. Blaues Licht wird stärker gestreut als rotes Licht. Dadurch erscheinen Sterne röter.

Sternzeit: Stundenwinkel des Frühlingspunktes.

Stundenwinkel: gibt an, vor welcher Zeit ein Himmelsobjekt durch den Himmelsmeridian im Süden gelaufen ist.

Tagbogen: das Stück der scheinbaren Bahn, das ein Himmelsobjekt während der täglichen Erddrehung über dem Horizont zurücklegt.

Veränderliche: Sterne mit periodischem oder unregelmäßigem Lichtwechsel, gliedern sich in echte Veränderliche und Bedeckungs-doppelsterne.

zirkumpolar: Himmelsobjekte, deren Tagbogen 24 Stunden beträgt. Alle Himmelsobjekte, deren Deklination größer als 90° minus geo-grafische Breite des Standortes beträgt, sind zirkumpolar.

Quellen für aktuelle astronomische Informationen

Astronomische Jahrbücher:

Das Himmelsjahr, Hans-Ulrich Keller, Franckh-Kosmos-Verlag Stuttgart

Ahnerts Kalender für Sternfreunde, G. Burkhardt, L. D. Schmadel, Th. Neckel (Hrsg.), Johann Ambrosius Barth Verlag, Heidelberg

Der Sternenhimmel, astronomisches Jahrbuch für Sternfreunde; E. Hügli, H. Roth, K. Städeli (Hrsg.), Verlag Salle + Sauerländer

The Astronomical Almanac, Nautical Almanac Office, Naval Observatory, US Gov. Printing Office, Washington D.C.

Zeitschriften:

Sterne und Weltraum, Zeitschrift für Astronomie, H. Elsässer, W. Pfau, G. D. Roth, A. Schnell, E. Übelacker (Hrsg.), Verlag Sterne und Weltraum, München

Star Observer, Zeitschrift für Astronomie und Weltraumforschung, G. Iazetta-Artner, M. Iazetta (Hrsg.), Space Science Zeitschriftenverlag, Purkersdorf bei Wien

Astronomie und Raumfahrt im Unterricht, Friedrich Verlag Velber, in Zusammenarbeit mit Klett, Erhard Friedrich Verlag, 30926 Seelze

Sky & Telescope, astronomische Monatsschrift, Sky Publishing Corp., Cambridge, MA 02138, USA

Sternzeit, Zeitschrift astronomischer Vereinigungen, herausgegeben von 27 astronomischen Vereinigungen, Bezug: T. Kannenberg, Krefeld

VdS Journal, Mitteilungsblatt der Vereinigung der Sternfreunde e. V. (Hrsg.), Bezug: Geschäftsstelle der VdS, Am Tonwerk 6, Heppenheim

Skyweek, astronomische Schnellnachrichten, D. Fischer (Hrsg.), Hüthig Fachverlage Heidelberg

Danksagung

Dieses Büchlein ist so klein und doch hat es alles abgefordert.
Für seine wertvollen Diskussionen und Anregungen zum Inhalt danke
ich Herrn Funke. Meine kleine Tochter Stella hat während des ganzen
Sommers 1998 auf ihren Vater als Spielgefährten verzichten müssen,
dafür werde ich sie später um Verzeihung bitten, wenn sie dies nachvollziehen kann. Ich danke meiner Frau Ulrike für ihre verständnisvolle
Zurückhaltung im Alltagsgeschäft und tatkräftige Unterstützung bei
der kritischen Lektüre des Manuskriptes. Viele wertvolle Hinweise und
Verbesserungen gehen auf die darauf basierenden Diskussionen
zurück. Ich danke meinen vielen lieben, interessierten Seminarteilneh-
mern und Zuhörern bei überlangen Vorträgen für ihre Geduld mit mir,
für ihre interessanten, zum Teil bewegenden Erfahrungen, die sie mit
mir in langen Gesprächen teilten. Viele Ideen zur Gestaltung dieses
Buches stammen aus diesen Gesprächen. Ich danke meinen Freunden,
die mit mir seit vielen Jahren auf astronomische Tour gefahren sind,
um Unbekanntes aus der Natur gemeinsam zu erleben und zu teilen.
Ohne all dies wäre dieses Buch nie zustande gekommen.

Werner E. Celnik

Register